simplify your IT

Neue Chancen für Sie und Ihr Unternehmen

Isabell Jäger leitet das Customer Advisory Office im Plattformvertrieb für die Region Zentraleuropa bei SAP und ist damit für die Einführung von neuen und strategischen Produkten bei Kunden verantwortlich. Dabei entwickelt sie gemeinsam mit dem IT-Management ihrer Kunden Strategien, um zukünftige technologische Neuerung erfolgreich umzusetzen.

Rolf Schumann blickt auf über 15 Jahre Berufserfahrung in der IT zurück. In seiner derzeitigen Rolle bei SAP leitet er den Vertrieb der Plattform SAP Net-Weaver in Zentraleuropa. Dabei arbeitet er gemeinsam mit CIOs und IT-Managern an strategischen IT-Konzepten, die deren betriebswirtschaftliche Anforderungen widerspiegeln.

Werner Tiki Küstenmacher ist evangelischer Pfarrer und arbeitet seit 1990 als freiberuflicher Karikaturist und Autor. Er hat bereits über 50 Bücher veröffentlicht, darunter gemeinsam mit Lothar J. Seiwert den internationalen Bestseller *simplify your life*. Gemeinsam mit seiner Frau ist er Chefredakteur des monatlich erscheinenden Beratungsdienstes *simplify your life®*.   www.simplify.de

Isabell Jäger, Rolf Schumann,
Werner Tiki Küstenmacher

Neue Chancen für Sie
und Ihr Unternehmen

mit Karikaturen von
Werner Tiki Küstenmacher

Campus Verlag
Frankfurt/New York

Simplify your life® ist eine eingetragene Marke von VNR
Verlag für die deutsche Wirtschaft AG, Bonn.

Bibliografische Information der Deutschen Nationalbibliothek:
Die Deutsche Nationalbibliothek verzeichnet diese Publikation
in der Deutschen Nationalbibliografie. Detaillierte bibliografi-
sche Daten sind im Internet über http://dnb.d-nb.de abrufbar.
ISBN-13: 978-3-593-38240-1
ISBN-10: 3-593-38240-7

Copyright © 2006 Campus Verlag GmbH, Frankfurt/Main
Umschlaggestaltung: grimm.design, Düsseldorf
Umschlagmotiv: Werner Tiki Küstenmacher
Satz: Leingärtner, Nabburg
Druck und Bindung: Druck Partner Rübelmann, Hemsbach
Gedruckt auf säurefreiem und chlorfrei gebleichtem Papier.
Printed in Germany

Besuchen Sie uns im Internet: www.campus.de

Inhalt

Danksagung

Dieses Buch würde nicht existieren, wenn nicht zahlreiche Einzelpersonen im Hintergrund mit ihrer fantastischen Arbeit einen unabdingbaren Beitrag dazu geleistet hätten. An dieser Stelle möchten wir daher ein großes Dankeschön an all diejenigen aussprechen, die uns so tatkräftig unterstützt haben. Beginnen möchten wir dabei mit Dunja Riehemann für das komplette Projektmanagement. Sie hat uns durch Terminüberwachungen und Erinnerungen permanent getrieben, dieses Projekt gemäß der gesteckten Ziele zum Erfolg zu führen. Außerdem stellte sie durch die finale Prüfung die Qualität des Buches sicher.

Wir möchten uns recht herzlich bei allen Teilnehmern des European Leadership Program (ELP) der SAP bedanken. Die Beiträge und Diskussionen in den unterschiedlichen

7

Workshops und Präsentationen haben uns inspiriert, dieses Projekt anzugehen. Ein ganz besonderer Dank gilt dabei Ton van Dijk (Manager IT Architecture & Policy, Heineken), Günter König (CIO, Salzgitter), Arvind J. Singh (CEO, Utopia), Gunnar Thaden (CIO, TÜV Nord), Michael Tsifidaris (CEO, KPS Consulting) und Dr. Ullrich Wegner (CFO, Schwartauer Werke), die sich die Zeit nahmen, uns in spannenden und teilweisen kontroversen Diskussion wertvolles Feedback zu aktuellen IT-Themen zu geben.

Vorwort

Geht es Ihnen nicht auch häufig so, dass Sie vor lauter Bäumen den Wald im Computerdschungel nicht mehr sehen? Was ist aus der 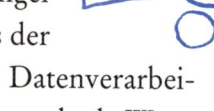 guten alten Elektronischen Datenverarbeitung (EDV) geworden? Einst noch als Wunderwaffe und freundlicher Helfer im Berufs- und Privatleben angepriesen, scheint sie derart komplex geworden zu sein, dass sich nur noch vermeintliche Experten darin wohl fühlen. Die zunehmende Verwendung englischer Abkürzungen in der so genannten Informationstechnologie, kurz: IT, wie sie mittlerweile bezeichnet wird, überfordert bereits durch ihre Begrifflichkeiten.

Zahlreiche Abkürzungen über-fluten den Markt und schaffen mehr Unverständnis, als dass sie zu einer Klärung beitragen. Diese Wahrnehmung ist momentan all-gegenwärtig und nicht wegzudis-kutieren. Leider geht dabei der wahre Wert, der mit der richtigen Nutzung von IT erreicht werden könnte, verloren. Wäre es möglich, diese Lücke zwischen Wahrnehmung und dem wahren Wert der IT zu schließen? Natür-lich – durch Vereinfachung! Es muss doch machbar sein, den wirklichen Nutzen dieser wunderbaren Welt der Elektronischen Daten-verarbeitung darzustellen, ohne Angst und Unverständnis aufgrund der darin enthaltenen Technologie zu verbreiten.

Und genau das möchten wir mit diesem Buch be-zwecken – wir wollen, dass Sie nach dem Le-sen die Möglichkeiten der IT für sich und vor allem Ihr Unterneh-men neu entdecken. Dabei werden wir nicht technologische Details und Feinheiten auf Ba-sis der letzten wissenschaftlichen Errungenschaft aus Forschung und Entwicklung darstellen, sondern die IT grundlegend vereinfachen. Unsere Erfahrungen in dieser Branche haben uns zu der festen Überzeugung gebracht, dass gute Technologie immer unsichtbar im Hintergrund zu finden ist. Mit diesem Schicksal müssen die vielen intelligenten und innovativen Köpfe in der Branche leben. Es ist wenig sinnvoll, ein abgeschlossenes Ingenieurstudium vorauszusetzen, um ein Automobil zu steuern. In der heutigen Welt möchte ein typischer Endbenutzer nicht wissen, wie im Detail das Online-Banking funktioniert – ob mit HBCI, X.509 oder sonstigen Standards. Er oder sie möchte lediglich rund um die Uhr sicher und einfach eine Finanztransaktion von überall auf der Erde durchführen. Die Vereinfachung der IT, mit einer klaren Darstellung der Möglichkeiten für Sie und Ihr Unternehmen, ist die Zielsetzung dieses Werkes. Darüber hinaus möchten wir Ihnen konkrete Ideen und Tipps zur unmittelbaren Umsetzung von Veränderungen Ihrer IT beziehungsweise deren Wahrnehmung an die Hand geben.

Vielleicht fragen Sie sich, warum wir gerade jetzt ein Buch zur Vereinfachung der IT auf den Markt bringen? Die Antwort ist einfach: Weil wir uns momentan an einem optimalen Zeitpunkt befinden, über IT nachzudenken. Wir stehen mitten in einem Umbruch zur nächsten Technologiegeneration. Dabei handelt es sich um eine Generation, die Unternehmen jeder Größe und Couleur zahlreiche neue Chancen eröffnet, bestehende Geschäftsmodelle und Praktiken auf deren Potenziale zu hinterfragen. Sie haben diese Veränderung selbst noch nicht bemerkt? Kein Problem – dann kommen Sie mit auf einen kurzen Ausflug *aus der Vergangenheit in die Welt der IT von heute.*

Lassen Sie sich inspirieren, wie Sie morgen mit einer einfacheren IT wesentlich erfolgreicher sind. Genau das wollen wir mit diesem Werk in die Tat umsetzen. Wir werden Ihnen anhand von fünf Themenbereichen aufzeigen, wie Sie Ihre IT auf ganz einfache Art und Weise zu einer strategischen Waffe Ihres Unternehmens machen können. Sind Sie bereit? Nutzen Sie die Ideen und Tipps, um unmittelbar mit der Umsetzung zu beginnen – es ist Ihr Unternehmen, es ist Ihre IT. Verlieren Sie keine Zeit. Viel Spaß beim Lesen und noch viel mehr Spaß bei der Umsetzung.

Doch bevor es losgeht, noch ein Hinweis für diese Exkursion: Natürlich werden uns auf dieser Reise einige englischsprachige Begrifflichkeiten und Abkürzungen begegnen (die Sie alle in einem Abkürzungsverzeichnis im Anhang dieses Buches finden). Aber warum nutzen Sie nicht einfach die Möglichkeiten der neuen Technologiegeneration und »Googeln« beziehungsweise »Wikipedien« einfach alle Definitionen, die Ihnen nicht ganz geläufig sind? Geben Sie einfach in Ihrem Internetbrowser unter www.google.de im Eingabefeld der Suchmaschine »Definition: gesuchter Begriff« ein. Oder nutzen Sie eine Internet-Enzyklopädie unter www.wikipedia.de, indem Sie im Suchfeld den gewünschten Begriff verwenden. Sie werden erstaunt sein, welche Informationen Sie erhalten. Probieren Sie es doch einfach mal mit »Definition: IT« in Google oder »EDV« in der Enzyklopädie aus.

Eine Zeitreise durch die IT-Welt

Drehen wir einmal die Uhr zurück in die Zeit, als es noch kein Internet mit bunten Bildern und mehr oder weniger schnellen Suchmaschinen gab. Springen wir in das Jahr 1941, sozusagen das Geburtsjahr der eigentlichen Informatik. In diesem Jahr entwickelte Konrad Zuse den Rechenautomaten Z3, der mit der Funktionalität eines einfachen Taschenrechners ganze Wohnzimmer füllte.

Was folgte, waren technologische Innovationen mit aus Papier hergestellten Lochkarten und Programmen zur Steuerung dieser Automaten. All das ist heute Geschichte und nur noch in Museen oder in alten Fotografien auf irgendwelchen nostalgischen Internetseiten vertreten. Die Errungenschaften dieser Zeit stellten in der Folge die Grundlage für die sich daraus entwickelnde betriebswirtschaftliche Datenverarbeitung (im Englischen: Enterprise Computing) dar, um Unternehmen bei der Automatisierung von Geschäftsprozessen zu unterstützen.

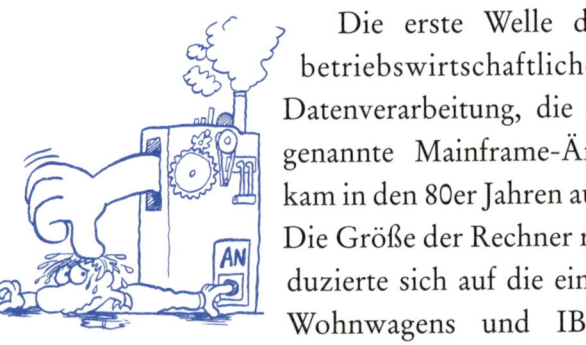

Die erste Welle der betriebswirtschaftlichen Datenverarbeitung, die so genannte Mainframe-Ära, kam in den 80er Jahren auf. Die Größe der Rechner reduzierte sich auf die eines Wohnwagens und IBM dominierte mit der legendären S390-Serie den Markt. Der Großteil der Unternehmen war zentral organisiert, und die Geschäfte waren auf einen sehr starken Geschäftsführer zentriert. Er war der Mittelpunkt aller Entscheidungen. Um diese Form des Geschäftsmodells zu unterstützen, eignete sich die zentrale und monolithische Plattform der Mainframe-Architektur hervorragend. Sie war dazu prädestiniert, beispielsweise im Rechnungswesen mit zentralen Kontenplänen die gesamten

Informationen an einer zentralen Stelle zu verwalten. Der Einsatz von Technologie fokussierte hierbei ganz klar auf die Automatisierung der Geschäftsprozesse, um die Produktivität der Unternehmen zu erhöhen. Das damit freigesetzte Potenzial schien zum damaligen Zeitpunkt nahezu unendlich. Und eines wurde dabei bereits deutlich: Nicht die Informatik, sondern das Geschäft und die zu unterstützenden Prozesse sind die Treiber für den Einsatz neuer Technologien – die IT realisiert lediglich.

Ende der 80er Jahre veränderten sich die Anforderungen aus der Geschäftswelt. Unternehmen expandierten und wollten auf einem globalen Markt wettbewerbsfähig sein. Sie eröffneten Niederlassungen in der ganzen Welt und die zuvor zentrale Rechenleistung musste auf einmal verteilt zur Verfügung stehen. Der zentrale, monolithische Ansatz war diesen Anforderungen nicht mehr gewachsen. Es begann eine zweite Welle in der betriebswirtschaftlichen Datenverarbeitung, die so genannte Client-Server-Architektur. Man begann damit, dem Benutzer mehr Funktionalität unmittelbar zur Verfügung zu stellen und verteilte die Rechenleistung – sprich: Aus einem zentralen Mainframe-Rechner mit zahlreichen, angebundenen reinen Eingabegeräten etablierte sich Rechenleistung in Form vieler verteilter Personal Computer (PC). Mit Microsoft und Intel hielten plötzlich ganz neue Namen Einzug in die Unternehmen der einst von Pionieren dominierten Client-Server-Welt wie IBM, HP und SUN.

Neben der Lösung der dezentralen Geschäftsanforderungen wurde mit der Client-Server-Architektur zugleich die Antwort auf eine neue Anforderung gegeben: Der Einsatz vieler kleiner und verteilter Einzellösungen aus unterschiedlichsten Geschäftsbereichen, wie Rechnungswesen, Produktion, Personalwesen, erforderte die Integration untereinander. SAP beantwortete dies mit der Entwicklung einer integrierten Standardsoftware für Unternehmen mit dem Namen SAP R/3. Durch den Einsatz mehrerer R/3-Systeme an unterschiedlichen Standorten konnten dezentrale Organisationen nun virtuell zusammenwachsen. Die Schaffung skalierbarer Prozesse zur Unterstützung von Geschäftsanforderungen läutete zugleich eine neue Welle der Prozessgestaltung unter dem Begriff Business Process Reengineering ein. Das Ziel bestand in der Harmonisierung beziehungsweise Standardisierung von Prozessen, um die Unternehmensproduktivität weiterhin zu steigern. Nahtlos ineinander greifende Prozesse in Echtzeit wurden realisiert und stellten das Kernstück dieser als ERP-Systeme (Enterprise Resource Planning) bezeichneten Lösungen dar. Die Motivation entsprang auch hier wieder der Geschäftswelt, die in der Technologie die benötigte Unterstützung fand.

Was dann folgte, ist uns allen in sehr guter Erinnerung: 1996 entwickelte sich das Internet aus einer nur »Freaks« zugänglichen Welt zu einem Medium für Unternehmen und mittlerweile jedermann. Mithilfe von Internet-Technologien war es plötzlich möglich, scheinbar alles mit allem zu verbinden. Anwendungen konnten über Systemgrenzen hinweg miteinander kommunizieren und Unternehmen sahen die Möglichkeit, ihre Prozesse einfach über Bereichs- und Organisationsgrenzen hinweg auszudehnen. Die einzige Voraussetzung dafür war die Unterstützung offener Internetstandards. Die Anzahl der Anwendungen, die dieser Anforderung genügten, stieg rasant an – alles in der Hoffnung, neue Märkte zu erobern. Zahlreiche Unternehmen setzten auf dedizierte Einzellösungen mit direkten 1:1-Verbindungen zu bestimmten Geschäftspartnern. Andere wurden teilweise gezwungen, bestimmte Industrie- oder De-facto-Standards einzusetzen, um den Fortbestand der Geschäftsbeziehung aufrechterhalten zu können. In diesem Zuge erhöhte sich für die Unternehmen die mögliche Auswahl an Geschäftsapplikationen. Die ERP-Lösung von SAP wurde meist als umfassende Unternehmenssoftware eingesetzt und ergänzende Partnerlösungen integriert. Zusätzlich implementierten Unternehmen für spezielle Geschäftsanforderungen auch nicht-standardisierte Software von anderen Anbietern. Unter dem Begriff der Best-of-Breed-Lösungen wurde die bis dato so wichtige Integration sekundär – denn Internettechnologien galten plötzlich als Wunderwaffe der Integration. Best-of-Breed (das Beste seiner Art) meint in diesem Zusammenhang die derzeit beste am Markt verfügbare Lösung einer bestimmten Kategorie, unabhängig von welchem Hersteller sie stammt oder welchen Integrationsgrad sie aufweist. Zum Beispiel gibt es Unternehmen, die Microsoft Word als Textverabeitung verwenden, aber Lotus 1-2-3 als Tabellenkalkulation. Dies birgt natürlich einige Tücken.

Relativ schnell stellte sich auch die Ernüchterung ein. Denn um weiter wachsen zu können, reichte es nicht aus, vollständig entkoppelt zu agieren. Es mangelte an einer semantischen Integration und Kommunikationsmöglichkeiten zwischen Anwendungen – denn das Internet war rein technisch begründet. Viele Fragen blieben daher offen: Was bedeutet ein Kundenauftrag in verschiedenen Applikationen unterschiedlicher Hersteller in unterschiedlichen Firmen unter unterschiedlichen gesetzlichen oder landesspezifischen Voraussetzungen? Das Esperanto des Geschäftsprozesses ließ auf sich warten. Und genau hier steckte der Teufel im Detail.

Die fehlende gemeinschaftliche Geschäfts-integration erforderte, die unterschiedlichen Applikationen untereinander zu verbinden. Das Ergebnis war eine extreme Komplexität – getrieben durch Technologie. Ja, zum ersten Mal seit dem Einsatz von IT in Unternehmen trieb die Technologie das Geschäft – seltsam, oder? Die weitere Entwicklung ist schnell be-schrieben: Die Erwartungen wurden nicht erfüllt. Die Internet-Blase platzte mit einer unglaublichen Bru-talität und hinterließ zahlrei-che leere Aktiendepots und Unternehmenspleiten. Viele Unternehmen waren wie gelähmt und trauen sich vielfach bis heute nicht, grundlegende Veränderungen an den gewachsenen Kon-strukten der Systemlandschaften vorzuneh-men, da sich die Auswirkungen nicht abschät-zen lassen.

Und genau dort stehen wir heute: Wir ha-ben eine IT geschaffen, die komplex und so weit von den Geschäftsbereichen entfernt ist wie selten zuvor. Diese jedoch fordern Fle-xibilität, um mit neuen Geschäftsmodellen schnell auf neue Marktanforderungen reagieren zu können. Das ist die Grundvoraussetzung zur Aufrechterhaltung der Wettbewerbsfähigkeit von Unternehmen. Die vorlie-

genden, gewachsenen Landschaften sind oftmals viel zu unüberschaubar und kostenintensiv, um neue Anforderungen zeitnah, wirtschaftlich und qualitativ hochwertig zu realisieren. Das Business treibt heute sehr stark die IT an und schreit nach neuen Lösungen, die die IT unterstützen soll. Doch wie schafft man diesen Wechsel zurück zu einer IT, die nicht komplex und beängstigend ist? Wie kann man die Zeit wieder scheinbar zurückdrehen? Ganz einfach: SIMPLIFY YOUR IT!

SOA – Unternehmen neu entdecken

Wie verändert sich der Markt?

Welche Themen stehen heute in den Unternehmen ganz oben auf der Agenda? Welchen Herausforderungen müssen sich Unternehmen heute stellen, um auch weiterhin erfolgreich zu sein? Zahlreiche Studien und Befragungen kamen zu folgendem Ergebnis: Um auch im Jahr 2010 noch erfolgreich zu sein, gilt es, den folgenden drei Anforderungen zu genügen: Deregulierung, Globalisierung und Kommoditisierung. Drei Schlagworte – aber was steckt dahinter?

Vor einigen Jahren noch waren Märkte durch gesetzliche oder geografische Bedingungen vielen Unternehmen nicht zugänglich. Legale

Hürden wurden mittels zunehmender Deregulierung aufgelöst.

Prominente Beispiele sind dabei der Energiemarkt oder die Telekommunikation. Dadurch ist es prinzipiell jedem Unternehmen gestattet, jedes Produkt oder jeden Service in jedem Teil der Erde, jederzeit und zu jedem Preis anzubieten. Dies eröffnet den Unternehmen plötzlich einen unglaublich großen Markt und eine riesige Anzahl an potenziellen Kunden. Gleichzeitig können Unternehmen aber auch an jedem Ort der Welt ihre Produkte herstellen und Standortvorteile nutzen.

Die Globalisierung erlaubt Unternehmen Zugang zu kostengünstigen Werkstoffen und Arbeitskräften, was die Profitabilität nachhaltig verbessert. Gleichzeitig erzeugt dies aber auch einen nie da gewesenen Wettbewerbsdruck, dem wir uns nicht entziehen können. Viele Bedarfsgüter sind heute auf der ganzen Welt zu günstigen Preisen verfügbar, und Unternehmen haben es schwer, sich durch ihre Produkte voneinander abzuheben.

Die Veränderung der IT über die letzten Jahre beschreibt dies sehr schön. Vor einigen Jahren hatte nur eine geringe Anzahl von Menschen einen Computer zu Hause oder sogar Zugang zum Internet, da es noch sehr teuer war. Kurz nach der Jahrtausendwende hat die Zahl der Computerprozessoren die Zahl der Menschen auf der Erde überholt. Heute gibt es bereits fast dreimal so viele Prozessoren wie Menschen – die meisten verrichten unsichtbar eingebettet in Geräte und Infrastrukturen unserer Arbeits- und Lebenswelt ihre Dienste. IT ist heute für jedermann erschwinglich und vor allem frei zugänglich. In jedem Café, Hotel und mittlerweile auch über den Wolken in Verkehrsflugzeugen kann man auf das Angebot im Internet zugreifen. Wir sind gewissermaßen »always online«.

Damit können wir an jedem Ort der Welt arbeiten, unsere E-Mails empfangen und Zugang zu einer anscheinend unbegrenzten Menge an Informationen erhalten. Während noch vor einigen Jahren einzelne Unternehmen durch ihre absolut exklusiven Güter einen Wettbewerbsvorteil hatten, verfügen die meisten Produkte heute über keine Alleinstellung mehr. Sie sind absolut vergleich- und austauschbar, oder: Commodity. Das bedeutet, dass ein Produkt oder Service zur Massenware wird. Beispielsweise war Strom früher nicht jedem zugänglich – heute kommt er überall aus der Steckdose. Auch das Internet war bis vor etwa sieben Jahren nur technischen Experten zugänglich, heute dagegen kann sich jeder mit einem PC Zugang dazu verschaffen.

Oftmals ist man sich nicht einmal mehr über den Wert und erreichten Fortschritt dieser Generalisierung bewusst – da es einfach »Commodity« ist. Denken Sie beispielsweise noch darüber nach, welche technische Wunderleistung vollbracht wird, wenn Sie von München aus per Mobiltelefon einen Kollegen auf der Chinesischen Mauer anrufen?

Wie wirkt sich der Markt
auf Unternehmen aus?

Unternehmen können sich in diesem neuen Markt behaupten, indem sie sich signifikant unterscheiden und damit sicherstellen, dass der Kunde von heute nicht morgen beim Mitbewerber kauft. Doch wie schafft man es, dass man den Kunden zuerst erreicht und auch zukünftig an sich bindet und mit seinen Services bedient? Die Antwort lautet: »Seien Sie einfach besser! Seien Sie anders!« Besser sein bedeutet dabei nicht zwangsläufig, billiger zu sein. Besser sein bedeutet, dass Ihr Unternehmen so agiert, damit man sich vom Wettbewerb signifikant absetzen kann. Dies gelingt jedoch nur, wenn man innovativer ist. Was aber bedeutet das? Die meisten von uns verbinden mit dem Begriff Innovation neue Produkte (Medikamente, Maschinen, Computer-Spiele et cetera). Innovation geht heute jedoch bereits weit über reine Produktinnovation hinaus – Innovation beschreibt die gesamte Art und Weise, wie Dinge getan werden. Innovation umfasst Ihre komplette Prozesswelt – schon einfache Prozesse wie eine Rechnungsstellung eröffnen Potenziale für Innovation und somit für Differenzierung. Beispielsweise hat ein sehr bekannter deutscher Lebensmitteldiscounter lange Zeit nur Barzahlung von seinen Kunden akzeptiert. Die Rechnungen seiner Lieferanten wurden jedoch erst am Ende der vertraglich festgelegten Zahlungszeiträume geleistet – eine moderne Art des Finanzmanagements.

Um für Wachstum und Wettbewerbsvorteile zu sorgen, muss man in der Lage sein, seine kompletten Abläufe, seine Wertschöpfungskette permanent auf die veränderten Marktbedingungen anzupassen. Es ist erkennbar, dass die Art und Weise, wie etwas produziert, verteilt oder konsumiert wird, mittlerweile mindestens genauso relevant für den wirtschaftlichen Erfolg ist wie das Produkt selbst. Damit wird die Wahl des richtigen Geschäftsmodells zum entscheidenden Erfolgsfaktor. In dieser neuen Geschäftswelt werden besonders diejenigen Unternehmen erfolgreich sein, die ihre Geschäftsmodelle schneller als ihre Wettbewerber verändern können. Flexibilität stellt die neue Managementdisziplin dar, und genau hier spielt die IT eine entscheidende Rolle. Sie agiert scheinbar unsichtbar im Hintergrund, leistet jedoch einen wesentlichen Beitrag als strategische Waffe im Rahmen der Unternehmensstrategie. Kosteneffizienz bleibt unverzichtbar, beschert uns aber mittel- und langfristig nicht zwingend nachhaltiges Wachstum und Differenzierung am Markt. Dieses erzielen wir nur durch Innovation.

Sie denken jetzt vielleicht an Beispiele wie Amazon oder eBay. Beide haben durch Prozessveränderungen oder die Einführung von neuen Prozessen ganze Industrien verändert – aber wir müssen gar nicht so weit gehen. Prozessinnovation findet in Unternehmen aller Branchen statt: Tchibo verkauft heute schon neben Kaffee noch »jede Woche eine neue Welt« in eigenen Filialen, Bäckereien und im Internet. Softwarefirmen könnten in Zukunft Anwendungen aus der Steckdose statt Programme auf CD liefern. Und möglicherweise verkauft Hilti in Zukunft nicht mehr nur Bohrmaschinen, sondern bietet dem Kunden einen Komplettservice, bei dem das Bohren der Löcher in die Wand inklusive ist oder der gesamte Werkzeugbestand verwaltet wird. Mit der richtigen IT-Unterstützung werden derartige Geschäftsmodelle in allen Branchen möglich. Wenn Sie jetzt denken, dies ist nur für große Unternehmen relevant, liegen Sie falsch. Gerade in kleinen und mittelständischen Unternehmen wird der IT eine ganz besondere Bedeutung zukommen. IT eröffnet den Zugang zu einem globalen Ökosystem. So können sich Mittelständler neue Märkte erschließen und erfolgreich mit Mitbewerbern konkurrieren, die sie heute vielleicht noch gar nicht kennen – die jedoch aufgrund dieses Potenzials just in diesem Moment eventuell ihren Bestandskunden eine Lösung offerieren. Die Produkte und Services des Mittelstands werden nahtlos in die Wertschöpfungsketten global agierender Unternehmen eingebunden und geliefert.

Vom Produkt- zum Lösungsangebot

Mit der Prozessinnovation verschiebt sich das typische Unternehmensportfolio von reinen Produkt- zu Lösungsangeboten, zum Beispiel in der Finanzbranche. Dort werden aus der reinen Verwaltung von Geld in Form eines Bankkontos komplette Finanzdienstleistungen von Kontoführung über Finanzoptimierung, Spar- und Anlagebetreuung bis hin zur Verwaltung von Versicherungen. Um diese Veränderungen zu vollziehen, ist jedoch eine umfassende IT-Unterstützung notwendig. IT wird daher als Unternehmensaufgabe geschäftsentscheidend. Sie fördert Innovation, Wettbewerbsfähigkeit und Wachstum in allen Branchen. Zukünftig besteht die Rolle von IT darin, als Intelligenzverstärker für Innovation in Unternehmen zu wirken. Viele sehen IT heute allerdings noch unter dem reinen Effizienzaspekt, welcher vielerorts noch immer nicht ausreichend ausgeschöpft ist. Apple demonstrierte die Nutzung dieser neuen Gesetze und Geschäftsmodelle in den vergangenen drei Jahren in beeindruckender Manier:

Apple hat es geschafft, innerhalb eines kurzen Zeitraumes die Unternehmensstrategie so zu verändern, dass das tradtionelle Computergeschäft heute durch den Erfolg im Multimedia und Service Business ergänzt wird.

Der iPod, eine der größten Innovationen der jüngsten Zeit, ist auf den ersten Blick ein optisch eleganter, aber eigentlich ganz normaler MP3-Player zum Abspielen digitaler Musik. Also ein Produkt. Schaut man sich diese Erfolgsgeschichte jedoch etwas genauer an, so hat Apple – beginnend mit dem iPod – eine ganze Branche revolutioniert. Denn mit dem iPod und der iTunes-Plattform hat es Apple geschafft, ein einfach zu bedienendes Gerät mit multimedialen Inhalten wie Musik, Bildern oder Videoclips zu versorgen. Damit hat Apple die Art und Weise, wie multimediale Daten verteilt werden, revolutioniert. Apple hat mit iPod und iTunes eine Plattform für den Konsum von multimedialen Inhalten etabliert, auf der ganz neue Services und Geschäftsmodelle entstehen. Wie wäre es zum Beispiel für Sie, wenn Sie eine Tageszeitung oder ein Sprachtraining auf dieser Plattform abonnieren, die Sie dann ganz elegant in Ihrem iPod auf dem Weg zur Arbeit, beim Sport oder wo auch immer hören können? Durch die Anbindung von vielen »Partner«-Branchen, beispielsweise Automobil- und HiFi-Gerätehersteller, hat Apple seine Marktposition zusätzlich gestärkt. Denn jeder ist nun in der Lage, den iPod direkt im Auto anzuschließen und über die vorhandene Infrastruktur wie Lautsprecher, Steuerung über das Lenkrad et cetera zu nutzen. Aus einem Produkt wurden Services, die mittlerweile auf einer Plattform zugänglich sind und permanent erweitert werden.

Plattformen – Das neue IT-Rückgrat von Unternehmen

Plattformen wie bei Apples iPod entstehen immer häufiger. Sie bilden heute das Rückgrat zur IT-Unterstützung von Geschäftsprozessen. Sei es im Internet, wo auf der Google-Plattform unterschiedlichste Services entstehen und angeboten werden, oder in der Automobilindustrie, wo VW die unterschiedlichsten Modelle wie etwa Golf, Beetle und Bora auf der gleichen Plattform baut. Eine solche Plattform ermöglicht es beispielsweise, das Bremssystem über verschiedene Modelle hinweg zu harmonisieren. Das reduziert Kosten und steigert die Produktivität. Gleichzeitig bleibt noch genügend Raum zur Differenzierung, um Dinge einfach anders zu machen. Zudem können die Bestandteile darauf immer wieder verwendet und neu kombiniert eingesetzt werden.

Genau dieses Prinzip soll uns heute auch in der IT helfen, die zunehmend komplexeren Anforderungen der Geschäftswelt zu meistern. Unternehmen stehen heute vor neuen Herausforderungen, die teilweise die gesamte Wertschöpfungskette auf den Kopf stellen, um weiterhin erfolgreich am Markt zu sein und zu wachsen. Diese neue Welle des Business Process Redesign beschäftigt sich mit unternehmensübergreifenden Prozessen oder Kooperationsmodellen. Dabei muss die IT Veränderungen wie Unternehmensakquisitionen, Globalisierung, Spezialisierung, Aggregation, Outsourcing und Outtasking, eine neue Generation von Online-Services und virtuelle Zusammenarbeit möglichst schnell und effizient unterstützen.

Instant User Satisfaction Orientend Architecture

Service Oriented Architecture

Genau aus diesem Grund kommt eine neue IT-Architektur heute zur rechten Zeit: Die Serviceorientierte Architektur (kurz SOA). Sie verändert die IT und ganze Unternehmen. Die Serviceorientierung gibt einem Unternehmen die Chance, unternehmensinterne und -übergreifende Prozesse genau so zu organisieren, zu adaptieren und zu verbessern, dass neue Marktanforderungen schnell und einfach umgesetzt werden können. Dies bedarf allerdings gleichzeitig einer soliden, auf Standards beruhenden Plattform, auf der neue Geschäftsmodelle umgesetzt werden können. So genannte Geschäftsprozessplattformen sind also in gewissem Sinne das Betriebssystem für servicebasierte Unternehmensprozesse. Mithilfe solcher Plattformen haben Unternehmen die Möglichkeit, ihre Netzwerkfähigkeit mit Partnern zu verbessern und sich schnell neuen Marktanforderungen anzupassen. Sie können also die Implementierung neuer Geschäftsmodelle beschleunigen.

Das klingt doch simpel – mit der Nutzung einer Plattform steht dem zukünftigen Erfolg eines Unternehmens nichts mehr im Wege. Leider ist es nicht ganz so einfach, denn sonst gäbe es keine erfolgeichen und weniger erfolgreichen Unternehmen auf dem Markt. Doch was unterscheidet diese voneinander? Die Antwort liegt auf der Hand und klingt wie eine alte Bauernregel: Erfolgreiche Unternehmen wissen, wie man die richtigen Dinge tut. Das bedeutet aber nicht zwangläufig, dass das in der Praxis auch immer gelingt.

Diese Unterscheidung trennt somit zwischen Effektivität und Effizienz. Jetzt gilt es nur noch herauszufinden, wie man genau diese Unterscheidungen im eigenen Unternehmen erkennt, was gar nicht so schwierig ist. Betrachten wir nämlich ein Unternehmen genauer, wird relativ schnell deutlich, dass es sich in Geschäftprozesse aufteilen lässt. Dies ist ein Ergebnis des langjährigen Business Process Reengineerings. Im Zuge der Einführung von ERP-Systemen war dies die Grundlage zur Standardisierung. Ein Blick auf diese Prozesse lässt folgende generelle Eingruppierung zu: Es gibt Geschäftsprozesse, nennen wir sie (in Anlehnung an Geoffrey Moore) Core-Prozesse, die maßgeblich dazu beitragen, ihr Unternehmen vom Wettbewerber zu differenzieren. Ein Beispiel für einen Core-Prozess ist die Art und Weise, wie Michael Dell mit seinem Unternehmen als Erster im Markt die Aufträge seiner Kunden per Internet entgegennahm. Dies war einer seiner Core-Prozesse, da er seinen Auftragseingangsprozess entscheidend anders gestaltete und damit Wettbewerbsvorteile erzielte.

Die zweite Kategorie von Geschäftsprozessen sind die so genannten Context-Prozesse. Diese Prozesse stellen lediglich Unternehmensabläufe dar, die es unbedingt zu erbringen gilt, die jedoch nicht im Wettbewerb differenzieren – beispielsweise die Abwicklung der Gehaltsabrechnung oder die Erstellung der gesetzlich vorgegebenen Auskunftspflicht über Sozialversicherungen. Diese Prozesse sind absolut unternehmenskritisch, müssen jedoch unter maximaler Produktivität geleistet werden. Nur dadurch kann ein Wettbewerbsnachteil vermieden werden. Typischerweise sind

Context-Prozesse häufig Gegenstand von Diskussionen, wenn es um Outsourcing geht. Alle Prozesse im Unternehmen und auch darüber hinaus lassen sich in Core- und Context-Prozesse aufteilen. Betrachten wir uns beispielsweise Tiger Woods – einen der erfolgreichsten Golfspieler der Welt.

Core ist er in seiner Person und mit seinem absolut überragenden Golfspiel. Sein Fokus liegt zu 100 Prozent auf diesem Bereich. Denn nur damit kann er sich maßgeblich von der Konkurrenz unterscheiden. Interessant ist, dass er zusätzlich jede Menge Context-Prozesse unterhält. Dazu zählen unter anderem seine Werbeaktivitäten mit namhaften Uhrenherstellern oder dem Sportartikellieferanten Nike. Hinzu kommen noch zahlreiche Verpflichtungen in Magazinen und Fernsehsendungen. Selbstverständlich tun dies auch seine Konkurrenten, keine Frage, aber er bekommt aufgrund seiner absoluten Dominanz und Alleinstellung die am besten bezahlten Verträge. Und hier liegt der entscheidende Punkt: Circa 90 Prozent seiner Einkünfte erzielt Tiger Woods aus Context-Prozessen und nur 10 Prozent stammen aus dem Golfspiel – seinem Core. Er muss also seinen Fokus 100 Prozent auf die Core-Prozesse richten und die Context-Prozesse müssen professionell gesteuert werden. Denn wenn er sich nicht mehr maßgeblich differenziert, wird er mittel- und langfristig mit den Context-Prozessen immer weniger Einkünfte erzielen können. Diese Regel gilt auch für Unternehmen – Core ist notwendig im Bezug auf Marktposition und Wachstum; Context ist der Bereich, in dem die Erträge erzielt werden. Ein weiterer Punkt kommt noch hinzu: Das System ist nicht statisch – Prozesse und Märkte verändern sich permanent.

Mit der Zeit versuchen Mitbewerber in Bezug auf Differenzierungsmerkmale mit Neutralisierungsstrategien nachzuziehen. Dabei geht es nicht darum, besser zu sein als Sie, sondern nur gut genug, um Ihren Wettbewerbsvorteil zu egalisieren. Das ist beispielsweise in den Anfängen des Internetzeitalters zwischen Netscape und Microsoft passiert. Microsoft lieferte einen Internet Browser mit dem Windows-Betriebssystem aus und brach damit die Marktdominanz von Netscape im Browsermarkt nachhaltig. Das heißt, dass heutige Core-Prozesse schon morgen Context-Prozesse sein können. Es muss also gelingen, immer wieder neue Core-Prozesse zu entdecken und bei den ersten Anzeichen der schwindenden Differenzierung diese so produktiv wie nur möglich als Context-Prozess zu betreiben. Was es außerdem zu vermeiden gilt, ist, dass Core-Prozesse nicht mit Kern-Kompetenz oder Kern-Geschäft verwechselt werden dürfen. Kern-Kompetenz sind die Bereiche, in denen Sie wirklich gut sind, wohingegen das Kern-Geschäft den Bereich darstellt, der die meisten Erträge erwirtschaftet. Ein schönes Beispiel dafür ist das Unternehmen Cisco, dessen Kern-Kompetenz in der Datenkommunikation und Kern-Geschäft im Bereich Netzwerk-Router liegen. Doch Core-Prozesse sind die Aktivitäten, die Sie momentan am Markt maßgeblich differenzieren. Im Fall von Cisco sind das Themen wie Internet-Telefonie, sprich die nächste Welle zu erwartender Erträge.

Anhand der Beispiele erkennen Sie schnell, wie wichtig es ist, genau zu wissen, was am

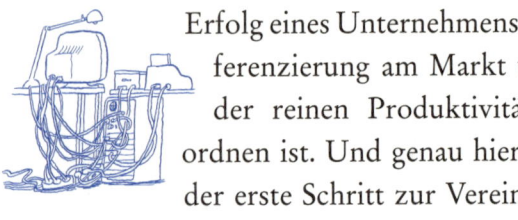

Erfolg eines Unternehmens der Differenzierung am Markt und was der reinen Produktivität zuzuordnen ist. Und genau hier beginnt der erste Schritt zur Vereinfachung Ihrer IT.

Simplify-Tipp 1: Das wahre Unternehmen entdecken Eine der größten Herausforderungen in der IT ist die Vergangenheit. Diese holt uns immer wieder ein und zwar vor allem dann, wenn es um Veränderungsprozesse geht. Die gewachsenen Systemlandschaften verhindern oftmals jegliche Art der Veränderung, bevor sie überhaupt richtig begonnen hat. Man traut sich häufig nicht einzugreifen, da sich die Auswirkungen in den komplexen Umgebungen nicht abschätzen lassen.

Und hier kommt der erste Simplify-Tipp: Entdecken Sie Ihr wahres Unternehmen – und dies beginnt nicht mit der IT. Finden Sie zunächst Ihre Core- und Context-Prozesse im Unternehmen heraus. Entwickeln Sie bei der Darstellung dieser Prozesse eine Granularität, die abgeschlossenen und betriebswirtschaftlich konsistenten Einheiten entspricht. Granularität beschreibt hierbei die Aufteilung der Prozesse in kleinere, überschaubarere Einheiten und legt damit die Größe eines Prozessschrittes fest. Diese Einheiten lassen sich als so genannte Enterprise Services aufrufen.

Ein Enterprise Service ist kein technischer Aufruf reiner Funktionalitäten. Er ist eine betriebswirtschaftliche Kombination aus einzelnen Funktionalitäten unterschiedlicher Applikationen, die eine Aufgabe innerhalb eines Geschäftsprozesses erfüllt. Wenn Sie beispielsweise den Bestellprozess in Ihrem Unternehmen abbilden möchten, zerlegen Sie ihn in Auftragseingang, Prüfung/Planung, Fertigung, Lieferung, Bezahlung. In einem weiteren Schritt beschreiben Sie dann die einzelnen Schritte auf der Service-Ebene. Im Planungsschritt ist zum Beispiel eine Verfügbarkeitsprüfung enthalten, in der Bezahlung eine Rechnungsstellung und so weiter. Dies ist genau die erforderliche Ebene und Granularität, um festzulegen, welche dieser Services Core – also differenzierend – und welche

Context – also rein produktivitätsbezogen – sind. Nach der Analyse der Prozesse packen Sie diese Services in ein Verzeichnis. Dann verfügen Sie über alles, um in Ihrer IT wirklich Entscheidungen treffen zu können – und Sie wissen genau, wo es anzupacken gilt. Beim Durchführen dieser Übung werden Sie einiges Neues entdecken. Bei einem Unternehmen haben wir über 120 Bestellprozesse identifiziert, bei denen zu circa 95 Prozent identische Services zum Einsatz kamen. Sie sehen, welches Potenzial plötzlich entsteht, wenn Ihre IT lernt, das Unternehmen neu zu entdecken – und das passiert nicht aus der Technologiesicht. Der Anfang liegt im Geschäftsprozess. Die Kenntnis der unternehmensrelevanten Aktivitäten beziehungsweise die Zusammenführung dieser Informationen in einem Verzeichnis gibt Ihnen ganz neue Einblicke.

Simplify-Tipp 2: Business hat Vorfahrt Und das bringt uns direkt zur zweiten Simplify-Idee: Business hat Vorfahrt – wenn Sie Ihre IT vereinfachen wollen, müssen Sie IT auf Priorität zwei setzen. Klingt seltsam?

Nun – der Erfolg der IT wird einzig und alleine am Erfolg des Unternehmens und der Geschäfts-  bereiche gemessen. Ihr Geschäft muss der Treiber für die IT werden – IT wird zum Katalysator des Geschäftes, nicht zum Treiber. Die Kenntnis der Prozesse und die Verwaltung der darunter liegenden Schritte zeigt die Wichtigkeit der IT. Sie wird zur strategischen Waffe im Wettbewerb, wenn sie die Unternehmensprozesse so unterstützt, dass sich das Unternehmen nachhaltig differenzieren beziehungsweise mit der maximalen Produktivität arbeiten kann. Investieren Sie die Zeit, um die Anliegen der Geschäftsbereiche zu erfassen. Vermeiden Sie in jedem Fall, Ihr Geschäft aus der (begrenzten) IT-Sicht zu steuern. Diese Erkenntnis spiegelt sich in der Ergänzung des Begriffs SOA zu *Enterprise SOA* wider. Damit erweitert man bewusst die Diskussion um den betriebswirtschaftlichen Aspekt.

Die Frage muss sein, wie Sie es schaffen, neue Bedürfnisse zu erkennen

und über das entsprechende Serviceangebot flexibel und innovativ bereitzustellen. Der Moment, ab dem die IT Unternehmensprozesse versteht und unterstützt, ist der Startpunkt, ab dem man von einer aktiven Unterstützung von Innovation und Produktivität durch die IT sprechen kann. Sie schaffen es nur, die notwendige Anerkennung der IT für Veränderung und Innovation zu erhalten, wenn Sie nicht über Ihre Limitierungen sprechen. Sie müssen vielmehr die betriebswirtschaftlichen Feinheiten – sprich Core und Context – Ihres Geschäfts in den Mittelpunkt stellen und die Möglichkeiten der Realisierung mittels IT daneben. Dann wird sich die Wahrnehmung der IT verändern – vom arbeitsunterstützenden, notwendigen Übel zum innovativen Partner für den Wandel.

Die Durchführung und das Management von IT-Projekten spielen eine entscheidende Rolle bei der Erfolgsmessung. Es ist nicht damit getan, einfach nur Prozesse zu identifizieren und zu beschreiben, vielmehr müssen diese auch zielgerichtet und ergebnisorientiert umgesetzt werden.

Dies bestätigt auch Dr. Ullrich Wegner, CFO der Schwartauer Werke: »Durch den

Einsatz der Serviceorientierten Architektur habe ich endlich die Möglichkeit, Prozesse durch die IT gezielt so abzubilden, dass diese unmittelbar der Ergebniserzielung dienen. Ich kann dadurch neben den üblichen Standardprozessen endlich alle Prozesse adressieren und bin zudem erheblich schneller und flexibler in der Modifikation beziehungsweise Neumodellierung.«

Simplify-Tipp 3: Weniger ist mehr – die Plattformentscheidung Weniger ist mehr – eine alte Weisheit, die uns sehr leicht über die Lippen geht. Ursprünglich hieß diese Redewendung eigentlich »Less is More – Complex«, also etwa »Weniger ist komplexer« – und genau darum geht es bei einer Plattformentscheidung. Vereinfachen Sie Ihre IT  mit dem Wissen über Ihre Prozesse. Nehmen Sie die Komplexität heraus, indem Sie beginnen, Ihre IT zu beherrschen, und nicht umgekehrt. Wenn Sie sich einerseits im Klaren darüber sind, welche Prozesselemente Core und welche Context sind, und andererseits wissen, worauf es in Ihrem Business ankommt – was steht Ihnen dann noch im Wege, Ihre IT zu vereinfachen? Sie müssen lediglich die Grundlage für den Einsatz dieses Wissens schaffen, Sie benötigen eine Plattform. Mithilfe einer Plattform können Sie beginnen, die Elemente, die Sie in Ihrem Verzeichnis identifiziert haben, beliebig zu neuen Prozessen zusammenzusetzen. Sie haben auch die Möglichkeit, die vorhandenen Prozesse anzupassen und zu verändern. Das schafft die Grundlage, sich permanent zu differenzieren, und Sie reduzieren die Komplexität, indem Sie einzelne Bestandteile immer wieder verwenden statt sie redundant in mehreren Lösungen vorzuhalten. Sie können aber auch Services in Ihr Verzeichnis packen, die Sie gar nicht selbst anbieten oder erbringen, zum Beispiel einen Service, der Kreditinformationen über Geschäftspartner liefert. Solche Dienste werden von spezialisierten Serviceprovidern wie der Schufa angeboten. Und nun erkennen Sie, worauf es ankommt: das Wissen über Ihr Unternehmen dazu zu nutzen, ein eindeutiges Angebot an Services oder Diensten aufzustellen. Diese sind unter den

Aspekten Differenzierung beziehungsweise Produktivität klassifiziert. Somit lässt sich festhalten: Die IT bietet oberflächlich zwar weniger, aber bei genauer Betrachtung deutlich mehr Leistung. Sie begegnen einerseits dem Kostendruck und werden andererseits der Innovationsanforderung gerecht. Bei der Auswahl der Plattform sollte immer der Geschäftsbezug im Vordergrund stehen. Denn es handelt sich hier nicht um eine technische Diskussion. Es geht allein darum, Ihre Geschäftsprozesse zu unterstützen und flexibel und schnell deren Anforderungen gerecht zu werden. Und auch hier gilt, dass weniger mehr ist: Konzentrieren Sie sich in Ihrem Unternehmen möglichst nur auf zwei ko-existierende Plattformen und Anbieter – beispielsweise SAP mit einem weiteren Anbieter, wie etwa Microsoft oder IBM. Schließlich geht es darum, Komplexität zu reduzieren und gleichermaßen Vollständigkeit und Einfachheit zu gewährleisten.

Der Anfang ist gemacht: Sie verstehen Ihr Unternehmen und haben die notwendigen Prozesse sowie deren Elemente in Core und Context unterteilt. Alle Elemente stehen auf einer Unternehmensplattform zur Verfügung und Sie können nun beliebig orchestriert werden. Was jetzt noch fehlt, ist ein Blick auf Ihre IT-Landschaft. Dazu lassen Sie uns einfach die vorhandene Landschaft mit den hier gewonnenen Erkenntnissen entrümpeln – bringen wir Ihre IT mal auf Plattform-Vordermann. Im nächsten Abschnitt erfahren Sie, wie Sie dem Aufräumen und der Plattformidee am einfachsten näher kommen.

Konsolidierung –
Endlich aufräumen

Angesicht der angespann-
ten Wettbewerbssituation
und der wirtschaftlichen
Lage müssen viele Unter-
nehmen ihre IT-Ausgaben
genau unter die Lupe nehmen. Das bedeutet
jedoch nicht Sparen um jeden Preis. Vielmehr
sollten ganz bewusst Kostensenkungspoten-
ziale genutzt werden, um keine Wettbewerbs-
nachteile zu haben. Die New York Times hat
hierzu einmal berichtet, dass die Mehrheit der
Unternehmen, die in den 90er Jahren Kostenreduktion als Kernstrategie gesehen haben,
heute nicht mehr existieren. Es ist anscheinend
ein ganz beträchtliches Risiko, sich zu sehr auf
Kostenreduktion zu fokussieren.

IT-Budgets in Unternehmen stagnieren
heute oft oder sind sogar rückläufig. Gleich-

zeitig steigen aber die Anforderungen aus dem Geschäft. Die IT steht daher vor der Herausforderung, mit weniger Mitteln mehr zu leisten. Wie soll das funktionieren? Nun, wir müssen heute die IT einfach wirtschaftlicher betreiben.

Die derzeitige Krise ist als Chance zur Konsolidierung der IT-Landschaften zu begreifen. Wir müssen Kosten reduzieren, indem wir bestehende Landschaften vereinfachen und damit Komplexität verringern. Wir müssen alles gnadenlos entrümpeln, was für einen Geschäftsprozess bedeutungslos ist.

Davon sind sowohl der Prozess- und Servicebereich als auch Soft- und Hardware betroffen. Es gilt, sich auf die wesentlichen Dinge zu konzentrieren. Alle bisherigen Verhaltensweisen, Abläufe und Funktionen gehören auf den Prüfstand.

Die kritische Kontrolle der IT-Leistungen für die Geschäftsprozesse eines Unternehmens führt zur Überprüfung der Geschäftsprozesse selbst. Für den optimalen Prozessablauf kann es dann wiederum nötig sein, in manchen Fällen neue Software anzuschaffen. Es ist somit auch möglich, dass man investieren muss, um Kosten zu sparen.

Konsolidierung schafft Innovation

Unternehmen werden heute häufig von den laufenden Kosten der in den letzten Jahren gewachsenen IT-Landschaft aufgefressen. Alles, was gestern investiert wurde, erzeugt heute natürlich immer noch Betriebs- und Folgekosten. Nicht selten werden hierfür 80 Prozent des gesamten IT-Budgets verbraucht. Demnach bleiben oftmals nur 20 Prozent des Budgets für Projekte übrig, die in Innovationen durch die IT investiert werden können. Und 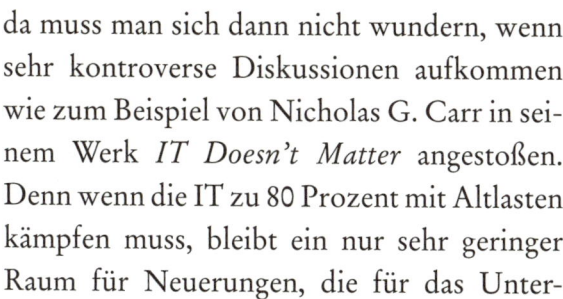 da muss man sich dann nicht wundern, wenn sehr kontroverse Diskussionen aufkommen wie zum Beispiel von Nicholas G. Carr in seinem Werk *IT Doesn't Matter* angestoßen. Denn wenn die IT zu 80 Prozent mit Altlasten kämpfen muss, bleibt ein nur sehr geringer Raum für Neuerungen, die für das Unternehmen wirklichen Mehrwert und nachhaltig wirksame Wettbewerbsvorteile generieren.

Nur wenn wir es schaffen, die IT-Kosten für den Betrieb um ein erhebliches Maß zu reduzieren und die frei werdenden Mittel wieder in Innovation zu investieren, die für den Erfolg der Unternehmen unerlässlich sind, machen wir die IT selbst zu einer strategischen Waffe.

Die Lösung des Problems lautet Konsolidierung. Entsprechende Maßnahmen helfen, die IT-Landschaft ohne Abstriche bei der Funktionalität wieder überschaubar und beherrschbar zu machen und das am besten zu geringeren Gesamtkosten. Hierbei sind alle Bereiche der IT relevant. Egal, ob Hardware, Datenbanken, Betriebssysteme, Anwendungen oder Endgeräte, wir müssen in jeder Ecke entrümpeln und die möglichen Potenziale freisetzen.

Hardware, Software und Prozesse müssen so gebündelt und aufeinander abgestimmt werden, dass Synergien entstehen, durchgängige Abläufe erreicht sowie Redundanzen und Reibungsverluste eliminiert werden. Warum haben heute viele Unternehmen mehrere CRM- oder SCM-Anwendungen? Gibt es wirklich einen betriebswirtschaftlichen Hintergrund dafür, oder ist es vielleicht eher aus unternehmenspolitischen Gründen oder vielleicht auch historisch einfach so gewachsen? Schließlich gab es ja einmal Zeiten in der IT, in denen Kosten keine Rolle spielten.

Server und Datenbanksysteme zu vereinheitlichen und Anwendungsportfolios zu reduzieren, hilft, Kosten zu sparen, die Zahl der Schnittstellen zu verringern, Wartungsaufwand zu reduzieren und damit die Landschaft zu vereinfachen. In den besten Fällen werden durch gezielte Investitionen in Standardsoftware veraltete Anwendungen und Insellösungen ersetzt und damit Kosten langfristig reduziert. Dies zeichnet typische strategische IT-Investitionen in Unternehmen aus. Das Ergebnis sind langfristige Einsparungen und eine strategische Plattform innerhalb der Systemlandschaft für die mittelfristige Weiterentwicklung der IT und damit auch des Unternehmens.

So geht heute der Trend zur Reduktion oder Vereinheitlichung der IT-Landschaft sowie zu weniger Komplexität und, dadurch beein-flusst, zu geringeren Kosten. Das ist schon eine beachtliche Herausforderung für die IT.

Ein großer Teil des Konsolidierungspoten-zials bezieht sich allerdings nicht auf die reine Hardware- und Applikations-Konsolidie-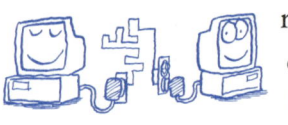rung (was ehrlich gesagt noch eine der einfacheren Aufgaben ist). Ein riesiges Potenzial liegt vielmehr in der Vereinheitlichung von Geschäftsprozessen und der darin enthaltenen Daten. Was nützen die besten Systeme und tollsten Prozesse schließlich, wenn die darin liegenden Daten einfach nicht aussage-kräftig sind?

Jedes Geschäftsmodell basiert auf einem Kern von effizienten unternehmensinternen Prozessen, die sich mit dem Geschäftsmodell weiterentwickeln. Für nahtlose Prozesse gilt im Idealfall: Alle Mitarbeiter und Applikatio-nen arbeiten mit denselben Daten (die »Single Source of Truth«), die Durchlaufzeiten sind kurz, Liegezeiten entfallen, und die Entschei-dungen basieren auf einer hohen Transparenz des betrieblichen Geschehens in Echtzeit (auch Realtime genannt).

Die Konsolidierung von Systemlandschaften bedeutet damit auch die Konsolidierung der eigenen Prozesse und Daten. Hierzu ist eine bestmögliche Abstimmung von Systemfunktionen und Unternehmensprozessen notwendig.

Die Hauptschwierigkeit stellt dabei immer wieder die eigene Datenqualität dar. Sie ist das Blut des IT-Organismus, und wie bei einer Bluttransfusion ist eine Datentransfusion schwierig und durchaus gefährlich. Die Bereinigung von Daten und Datenstrukturen ist eine der wichtigsten Aufgaben jeder Systemkonsolidierung und gleichzeitig die zeitaufwändigste. In vielen Fällen erstreckt sich diese Aufgabe über mehrere Jahre. Aber hierzu gibt es bereits leistungsfähige Werkzeuge im Rahmen der Stammdatenverwaltung, die Ihnen das Leben einfacher machen.

Auf der anderen Seite müssen aber auch die Geschäftsprozesse vereinheitlicht werden, um die Landschaft und das tägliche Geschäft zu vereinfachen und zu verbessern. Prozesse sind heute oft nicht transparent und umfassend im

Unternehmen dokumentiert. Sie sind in unterschiedlichen Systemen abgebildet, und häufig über menschliche Schnittstellen miteinander verbunden. Dies bedeutet natürlich einen sehr hohen Aufwand und ein hohes Risiko bei der System- oder Datenkonsolidierung sowie der damit verbundenen Veränderung.

SOA hilft

Genau hier setzen heute Serviceorientierte Architekturen (SOA) an. Wie in Kapitel 2 beschrieben, ist SOA ein IT-Architekturkonzept, in dem Softwaremodule als Services organisiert sind und den unterschiedlichsten Systemen oder Anwendungen zur Verfügung gestellt werden. Jeder Service deckt somit eine betriebswirtschaftliche, konsistente (Teil-)Funktion eines Geschäftsprozesses ab, zum Beispiel die Erstellung eines Auftrags oder die Durchführung einer Verfügbarkeitsauskunft. Diese Services lassen sich dann zur Unterstützung komplexer Geschäftsprozesse dynamisch miteinander verbinden. In Fachkreisen spricht man hier von Service-Orchestrierung.

Mithilfe einer SOA können somit Geschäftsprozesse auf einer bestehenden Systemlandschaft permanent und zügig verbessert beziehungsweise angepasst werden.

Nachdem Sie, wie im zweiten Kapitel beschrieben, Ihre SOA realisiert haben, schafften Sie sich erst einmal ein Bewusstsein dafür, welche Services in welchen Geschäftsprozessen überhaupt im Unternehmen notwendig sind. Diese werden dann in einem zentralen Verzeichnis jeder Anwendung zur Verfügung gestellt. Sie haben also gewissermaßen »Gelbe Seiten«, die alle für Ihre Geschäftsprozesse relevanten Services enthalten.

SOA ermöglicht die Wiederverwendung bestehender Geschäftslogik (Services) über mehrere Kanäle und Nutzergruppen hinweg. So kann etwa ein Service für eine Banküberweisung in vielen unterschiedlichen Prozessen eingesetzt werden. Damit besteht eine geniale Chance zur Konsolidierung der bestehenden Geschäftsfunktionalitäten als auch der Prozesse.

Dies ist genau der Knackpunkt beim Design einer SOA. Die Wiederverwendung oder auch Konsolidierung der einzelnen Geschäftsfunktionalitäten hat sowohl einen entscheidenden Einfluss auf die Kosten als auch auf die Komplexität einer SOA. Ziel ist es, die Services so aufzusetzen, dass sie in möglichst vielen Geschäftsprozessen wieder verwendet werden können. Dies verringert die Entwicklungskosten und erhöht die Geschwindigkeit bei der Erstellung neuer Anwendungen drastisch. Gleichzeitig dürfen die Services aber auch nicht zu klein geraten, sodass wir mit einem irrsinnig großen Verzeichnis an Services enden, was dann in einem großen Chaos enden kann. Dies ist sozusagen die Kunst beim Design einer SOA.

Letzten Endes bleibt nun zu sagen: Um das gesamte Potenzial der Konsolidierung in der IT auszuschöpfen, müssen Sie alle drei Dimensionen – Systeme, Anwendungen, Prozesse und Daten – einfach gründlich und konsequent entrümpeln.

Simplify-Tipp 4: Öffne die Augen – Alles läuft zusammen Haben Sie eigentlich auch bemerkt, dass eigentlich alles immer mehr zusammen läuft? Können Sie sich noch daran erinnern, dass wir vor ein paar Jahren für Telefon, E-Mail, Internet, MP3-Spieler, Navigationssystem und den Kalender noch unterschiedliche Geräte oder Medien hatten? Heute lautet die Devise bei den neuesten mobilen Endgeräten »All in One« – alles wächst zusammen. Sie erhalten heute ein einziges Mobiltelefon, kleiner als eine Zigarettenschachtel, mit allen genannten Funktionen inklusive einer Fotokamera, um Urlaubsschnappschüsse sofort an Ihre Verwandten zu Hause senden zu können.

Augenblicklich erfährt das Thema Konvergenz eine Renaissance in der IT- und Kommunikationsbranche. Wenn man hier von Konvergenz redet, ist damit in der Regel die Konsolidierung der bisher getrennten Welten der Sprach- und Datennetzwerke gemeint.

Telefonieren Sie heute zum Beispiel mit Ihren Bekannten im Festnetz schon nahezu kostenlos über Voice Over IP (kurz: VoIP)? Oder betreiben Sie innerhalb Ihres Unternehmens nur noch ein Netz für Telefonie und Daten? Noch nicht? Dann sollten Sie vielleicht schnell darüber nachdenken, denn solche Services sind einfach unschlagbar günstig. Oder haben Sie sich schon einmal mit »Google Maps« auf Ihrem Handy in einer fremden Stadt zum nächst gelegenen Café um die Ecke führen lassen? Das ist die heutige Version des klassischen Reiseführers – schnell und immer aktuell.

»Ein Netz für alle Fälle« – so kann man den aktuellen Konvergenz-Trend bezeichnen. Die Idee dahinter ist, alle Informations- und Kommunikationsservices sowie Übertragungswege (drahtgebunden oder »wireless«) in ein einziges Netzwerk zu integrieren. Das klingt auf den ersten Blick visionär, aber wenn Sie sich einmal umschauen, ist es heute eigentlich schon längst Realität.

Das Internet wird immer leistungsfähiger und schneller – eine breitbandige Kommunikationsinfrastruktur verdrängt herkömmliche Übertragungsformen. Die Anzahl der Serviceprovider in diesem Bereich nimmt Tag für Tag zu. Täglich verschwinden aber auch wieder Unternehmen vom Markt, weil sie den »Latest and Greatest« Technologie-Hype nicht schnell genug angeboten haben oder im Preisdumping nicht mitziehen konnten. Dieser Markt erfährt derzeit eine rasante Entwicklung und daraus resultierende Errungenschaften sind einfach grandios.

Netzwerke bilden heute den Mittelpunkt der gesamten Unternehmens-IT. Mit dem aktuellen Konvergenz-Trend nimmt die Abhängigkeit der Unternehmen von funktionsfähigen Netzwerken immer weiter zu. Mobile Kommunikation, mobile Dienste und die mobile Übertragung technischer Daten werden breit verfügbar und sowohl im Business-to-Business- als auch im Business-to-Consumer-Bereich selbstverständlich. Viele Anwendungen sind durch Funkübertragung überhaupt erst sinnvoll möglich, wenn man an mobiles Asset-Management oder Angebotskalkulation in Echtzeit bei Kunden vor Ort denkt.

Feste und mobile Formen der Datenübertragung und mit ihnen verbundene Dienste wachsen immer enger zusammen und werden für den Kunden immer weniger unterscheidbar. Die Konvergenz der Übertragungswege und der dazugehörigen Endgeräte nimmt zu. Das stellt neue Anforderungen an die Aufbereitung entsprechender Inhalte und Daten. Stellen Sie sich einmal vor, es wäre möglich, in einem Navigationssystem-Monitor individualisierte Werbung für den Fahrer einzublenden, oder ein Navigationssystem zu nutzen, das automatisch die Tankstelle mit den aktuell günstigsten Spritpreisen ansteuert! Dies sind Chancen, die nur dann richtig genutzt werden können, wenn die Interoperabilität (Kommunikationsfähigkeit) der Systeme und Endgeräte gewährleistet ist.

Alle relevanten (internen und externen) logistischen Prozesse in einem Wertschöpfungsverbund werden in Zukunft vollständig vernetzt werden, sodass Planung, Steuerung und Kontrolle eng abgestimmt werden können. Wäre es nicht toll, genau zu wissen, in welcher Reihenfolge Sie eingehende Aufträge abarbeiten sollen, abhängig von Rohstoffpreisen und individuellen Bedürfnissen Ihrer Kunden?

Der Anteil elektronisch bestellter beziehungsweise gehandelter Güter wird weiter zunehmen, und gerade hierbei spielt die Nutzung der passenden Technologien eine entscheidende Rolle. Nehmen Sie sich einmal ein paar Minuten Zeit, um über die Nützlichkeit der neuesten Technologietrends für Ihr eigenes Unternehmen nachzudenken. Oder »googeln« Sie einfach einmal, was andere Unternehmen mit diesen Dingen tun.

Simplify-Tipp 5: Hardware besser nutzen Mit der Hardware ist es oftmals wie im richtigen Leben: Im Durchschnitt werden circa 80 Prozent der angesammelten Gegenstände niemals benutzt. So packen Sie Dinge, die Sie ein Jahr lang nicht mehr benötigt haben, in eine große Kiste und deponieren sie im Keller oder auf dem Dachboden. Wenn Sie den Inhalt der Kiste nach einem weiteren Jahr vergessen haben, können Sie ihn eigentlich endgültig entsorgen.

Leider ist das mit Hardware in der IT nicht ganz so einfach. Meist laufen Geschäftsanwendungen ununterbrochen auf Servern, die man nicht einfach mal so in eine große Kiste packen kann, und es sind ehrlich gesagt auch nicht 80 Prozent, die man nicht braucht.

Allerdings haben wir heute in Unternehmen eine Vielzahl gewachsener Hardware-Infrastrukturen, angefangen von Servern über Anwender-PCs bis hin zu mobilen Endgeräten – natürlich alles von unterschiedlichen Herstellern. Das größte Potenzial hierbei liegt darin, sich für einen Hersteller je Kategorie zu entscheiden. Warum Server unterschiedlicher Hersteller betreiben oder PCs unterschiedlicher Fabrikate warten? Dies treibt die Kosten in die Höhe, bringt dem Endanwender oder Unternehmen allerdings keinerlei Mehrwert. Durch Desktop-Standardisierung kann zum Beispiel laut Gartner eine Kostenreduzierung von 20 Prozent bis 25 Prozent erreicht werden.

Auch sollten Sie sich die Frage stellen, ob Sie die jeweiligen Server-Ressourcen wirklich optimal betreiben. Meist stellt ein einzelner Server im Unternehmen nur eine einzige Anwendung bereit. Dies ist häufig nicht wirtschaftlich. Zum einen führt es zu einer geringen Auslastung, zum anderen verursacht eine hohe Anzahl an Servern hohe Betreuungs- und Lizenzkosten. Diese Kosten lassen sich durch Konsolidierung der Server und eine bessere Verteilung der darauf laufenden Anwendungen drastisch verringern. Warum lassen Sie nicht auf der gleichen Hardware-Infrastruktur am Tag beispielsweise Anwendungen für den Call-Center-Betrieb laufen und in der Nacht Abrechnungsläufe? Das ist heute dank moderner dynamischer IT-Architekturen möglich. Unter Virtualisierung versteht man genau die dynamische Zuordnung von Software zu Hardware; Sie halten also einen Ressourcenpool aus Rechenleistung und Speicherkapazität und ordnen dies je nach Bedarf den benötigten Applikationen zu.

Sie sollten sich folglich bei jeder neuen Anforderung fragen, ob Sie dafür nicht vorhandene Hardware nutzen können. Wichtig ist zudem, alte Hardware zu eliminieren und sich bei Neuanschaffungen auf einen Hersteller zu konzentrieren. Sonst endet das Rechenzentrum wirklich als kunterbunter Zoo unterschiedlichster Server.

Simplify-Tipp 6: Software und Daten optimieren Schaut man sich die Situation in heutigen Unternehmen ein wenig genauer an, entdeckt man in der Regel ein Geflecht aus verschiedensten Applikationen. Diese spiegeln vielfach als Zeitzeugen die geschichtliche Entwicklung eines Unternehmens wider: Jahrzehnte alte, individuell entwickelte Speziallösungen finden sich neben diversen Standardprogrammen unterschiedlichster Art und Güte, die zum Teil in verschiedenen Unternehmensbereichen für die gleichen Aufgaben genutzt werden.

Da braucht man sich nicht zu wundern, wenn die meisten IT-Leiter nur unter großen Anstrengungen in der Lage sind, eine Inventarliste aller Systeme vorzulegen. Wie diese Systeme genutzt werden und welche Prozesse sie unterstützen, bleibt ihnen leider oftmals verborgen. Schlimmer noch: Neben den »offiziellen« Systemen, zum Beispiel ERP-Programmen, hat Microsoft Office eine Unmenge von individuell erstellten und sehr häufig genutzten Excel- und Access-Applikationen hervorgebracht.

Damit alles seine Ordnung hat, werden die Ausdrucke als persönliche Arbeitsmittel gekennzeichnet und sind dann sogar noch ISO-kompatibel. Zu allem Überfluss sorgen solche

Excel- und Access-Applikationen trotz der bestehenden Hin-
dernisse dafür, dass alles rund
läuft. So werden in vielen Betrieben mit Excel aufwändige Kunden-
angebote kalkuliert und die Produktion gesteuert. Die wichtigsten Daten wandern dann
über Umwege ins führende ERP-System – von
Hand.

Auch auf der finanziellen Seite ist die Situation in aller Regel sehr unangenehm: Zahlreiche Lizenzverträge mit suboptimalen Anwen-
derzahlen bei unterschiedlichen Lieferanten
belasten die laufenden Aus-
gaben. Darüber hinaus
sind an vielen Stellen Mitarbeiter damit beschäftigt, Behelfs-
systeme zu bedienen und Feuerwehreinsätze
zu überstehen. Jede Veränderung in solch
einer Situation bedeutet ein hohes Risiko –
schließlich müsste man ein ohnehin »wa-
ckeliges« Gebäude sanieren, während die
Bewohner darin weiter ihren Geschäften
nachgehen. Die Systemlandschaft verhindert
damit die marktorientierte Weiterentwicklung des Unternehmens. Damit diese Situa-

tion nicht zur Endlosschleife aus Unzufriedenheit mit den eigenen Werkzeugen und untauglichen Versuchen zur Nachbesserung wird, hilft nur eines: Die Anwendungen müssen – allen Hindernissen zum Trotz – konsolidiert werden.

Aber Sie sollten zunächst einmal wirklich jede Anwendung kritisch hinterfragen, ob sie  tatsächlich essenziell für das Geschäft ist. Vielleicht kann die eine oder andere Anwendung abgelöst werden? Erstellen Sie sich erst einmal eine Übersicht Ihrer Systeme. In dieser definieren Sie, welche Systeme wirklich zum Wettbewerbsvorteil Ihres Unternehmens beitragen (also Core sind) und welche einfach nur Prozesse automatisieren, um die Produktivität zu steigern (also Context sind). Überlegen Sie sich dann auch einmal, welche historisch gewachsenen oder eventuell selbst entwickelten Anwendungen durch Standardlösungen ersetzt werden könnten. Gerade bei den Context-Systemen besteht meist ein riesiges Potenzial.

Schauen Sie sich aber auch das Blut des IT-Organismus' an – Ihre Daten. Überprüfen Sie, welche und wie oft fehlerhafte Daten Geschäftsprozesse blockieren. Das Stammdatenmanagement wird dabei oft als strategischer Erfolgsfaktor erkannt. Wie wollen Sie eine Werbekampagne ohne eine konsolidierte Datenbasis aller anzugehenden Kunden durchführen? Nicht vorhandene oder fehlerhafte Stammdaten blockieren und verzögern nachgelagerte Abläufe und machen die Nachbearbeitung und Korrektur aufwändig. Allerdings sind die Stammdatenverwaltung und die Datenqualität nicht in erster Linie IT-Themen – vielmehr geht es vornehmlich um das Management von Geschäftsprozessen. Denn nur wenn auch durchgängige und automatisierte Pflegeprozesse sowie klare organisatorische Rahmenbedingungen existieren, kann eine erstklassige Datenqualität erzielt werden.

Sie fragen sich, wie Sie bessere Stammdaten bekommen? Um die Datenqualität im Unternehmen zu steigern, ist eine konsistente Datenbasis aller beteiligten Systeme notwendig. Dazu muss zunächst geklärt werden, welche Systeme welche Daten benötigen und wie die Prozesse zur Datenpflege ablaufen. Außerdem müssen organisatorische Zuständigkeiten geklärt werden. Gerade in größeren Unternehmen hat sich das Konzept aus zentraler Stammdatenkoordination und dezentraler Stammdatenpflege und -verantwortung bewährt. Die zentrale Stammdatenkoordinationsstelle ist hierbei verantwortlich für die Prozesse und Qualität, nicht aber für die Pflege und die Dateninhalte. Diese Pflicht liegt eindeutig bei den dezentralen Einheiten in der Organisation. Es gilt das Prinzip »Datenpflege am Ort der Datenentstehung«. Ein zentraler Aufpasser ist aber in jedem Fall nötig.

Simplify-Tipp 7: Das Prinzip der Wiederverwendbarkeit Für globale oder in mehreren Ländern tätige Unternehmen ist es heute oftmals eine herausfordernde Gratwanderung, das richtige Maß zwischen Zentralisierung und Dezentralisierung und damit zwischen Standardisierung und Flexibilität zu finden. Aus wirtschaftlichen Gesichtspunkten ist es natürlich sinnvoll, Aufgaben, Funktionen oder Tätigkeiten, die in gleicher oder ähnlicher Form an mehreren Stellen im Unternehmen durchgeführt wurden, an einer (manch-

mal auch an mehreren) zentralen Stelle(n) zu-
sammenzufassen. Meistens sind es indirekte,
dienstleistende Funktionen für die administra-
tiven Bereiche des Unternehmens. Unter-
stützungsaufgaben unterschiedlicher Art (zum
Beispiel IT, Personalverwaltung, Buchhaltung)
werden aus den operativen Einheiten heraus-
gelöst und in Shared Services Centern (kurz
SSC) zentral gebündelt, die sozusagen neben
den eigentlichen Geschäftsbereichen stehen.
Diese können dann je nach Bedarf auf die entsprechenden Serviceleistungen des Shared Services Centers zugreifen und teilen sich anteilig
die entstehenden Kosten.

Somit ist die Standardisierung mehrmals
vorkommender Unternehmensdienste gewährleistet. Gleichzeitig wird den einzelnen Geschäftsbereichen aber auch die Flexibilität gegeben, ihre eigenen Prozesse dezentral zu
organisieren und mit den Diensten des SSC
effizient durchzuführen.

Shared Services lassen sich insofern mit Outsourcing von Unternehmensfunktionen ver-
gleichen. Allerdings werden die zu erbringenden Services des SSC nicht an ein externes Unternehmen vergeben. Das Know-how, aber

auch die zur Erbringung nötigen Kosten bleiben somit im eigenen Unternehmen.

Die Machbarkeit und Produktivität des SSC hängt maßgeblich vom Vorhandensein bündelungsfähiger und wiederverwendbarer Services ab, die in mehreren Organisationseinheiten parallel und dezentral durchgeführt werden. Bei Services mit hohem Volumen und hohem Standardisierungsgrad (sozusagen den Context-Services) lassen sich durch ein SSC Größen- und somit Kostenvorteile (Skaleneffekte) realisieren. Die operativen Einheiten werden von den durch das SSC geleisteten Aufgaben entlastet und können sich auf ihre primären, wertsteigernden Aktivitäten – Core – konzentrieren.

Hier spielt das Vorhandensein eines zentralen Service-Verzeichnisses eine entscheidende Rolle. Denn alle für das gesamte Unternehmen gültigen Services können durch ein SSC erfüllt werden. Untersuchen Sie doch einmal Ihr Service-Verzeichnis und finden Sie heraus, welche Services unternehmensweit für alle Geschäftseinheiten gleichermaßen gültig sind und welche sich stark von einander abheben. Untersuchen Sie auch, wenn sich die Services deutlich unterscheiden, ob man sie vielleicht doch vereinheitlichen und damit konsolidieren kann.

Simplify-Tipp 8: Dran bleiben Am Ende dieses Kapitels möchten wir Sie noch einmal daran erinnern, dass es bei der Konsolidierung nicht ausreicht, einmal die Hausaufgaben zu erledigen und sich dann wieder entspannt zurückzulehnen. Konsolidierung ist ein kontinuierlicher Prozess. Machen Sie Konsolidierung deshalb zu einem Standardprozess Ihres Unternehmens – eine permanente Entrümpelung zur Sicherstellung Ihrer Wettbewerbsfähigkeit. Ähnliche Erfahrungen kann auch Gunnar Thaden, CIO vom TÜV Nord, teilen: »Konsolidierung ist ein essenzieller Bestandteil unserer IT-Strategie. Nur durch eine gezielte Reduktion (Homogenisierung) an Hardware, Software, Lieferanten, Partnern et cetera haben wir es wirklich geschafft, die so oft zitierten Synergieeffekte tatsächlich zu realisieren. Bei der Auswahl unserer Partner legen wir gerade aufgrund der geringen Anzahl besonderen Wert darauf, dass diese untereinander sehr eng kooperieren. Wir schlüpfen dabei sogar häufig in die Rolle des Moderators, um die Zusammenarbeit zu verbessern und den Konsolidierungseffekt zu verstärken.«

Denn nur eine optimal aufgestellte IT lässt sich im nötigen Maß für den Erfolg des Unternehmens nutzen, womit wir auch schon beim nächsten Thema angelangt sind – der Innovation.

Innovation –
Dinge einfach anders machen

Ist Differenzierung die einzige Möglichkeit, sich nachhaltig von seinen Mitbewerbern zu unterscheiden und einen entsprechenden Wettbewerbsvorteil zu erreichen? Stellt Differenzierung somit die einzige Form der Innovation dar? Natürlich nicht – wie bereits in den vorangegangenen Kapiteln erwähnt, gibt es die unterschiedlichsten Typen von Innovation. Innovation bedeutet vom Wortursprung her Neuerung oder Erneuerung, also Dinge anders machen. Man kann dabei etwas vollständig Neues tun oder etwas, was bereits getan wird, auf eine andere Art machen. Demnach haben die verschiedenen Innovationstypen auch unterschiedliche Wirkungen zur Folge. Generell gibt es fünf Kategorien für die Wirkung von Innovation.

Es gibt erstens die differenzierende Innovation – diese Form verleiht Unternehmen ein Alleinstellungsmerkmal, das bei den Mitbewerbern nicht verfügbar ist. Diese Innovationen können mit Patenten auch bedingt geschützt werden, sind jedoch nur solange differenzierend bis es anderen Unternehmen gelingt, diese zu kopieren oder in einer ähnlichen Form ebenfalls anzubieten.

Und dieses Kopieren bringt uns direkt auf die zweite Form von Innovation: die Neu-

tralisierung. Dabei möchte man eigentlich die Differenzierung und den damit verbunden Wettbewerbsvorteil eines Mitbewerbers unterbinden. Dies gelingt, indem man die differenzierende Innovation in einer gerade ausreichenden Qualität ebenfalls anbietet. Eine derartige Neutralisierung erlebte beispielsweise Apple durch Microsoft, als dieses Unternehmen ebenfalls eine Maus zur Steuerung auf einer grafischen Oberfläche auf den Markt brachte. Die nächste Form der Innovation ist die Produktivitätsinnovation. Dabei handelt es sich um Optimierungen an vorhandenen

Prozessen und Produkten, um die Produktivität zu steigern. Die Nutzung von internetbasierten Personaldiensten für seine Mitarbeiter wie Urlaubsantrag, Adressänderung, Bankverbindung et cetera sind klassische Fälle von Prozessoptimierungen unter Produktivitätsaspekten. Es gibt noch zwei weitere Arten von Innovation, die zusammen immerhin über 50 Prozent der gesamten Innovation darstellen. Dies sind zum einen die Fehlschläge und natürlich der so genannte Abfall. Bei den Fehlschlägen ist man bei der Umsetzung einfach nicht weit genug gegangen. Zum Beispiel entwickelte Grundig ursprünglich den Flat-Screen-Fernsehapparat, man verkaufte die Idee jedoch nach Fernost, da man nicht an sie glaubte – was aus heutiger Sicht natürlich grob fahrlässig war. »Innovationsabfall« hingegen sind einfach Ideen, die in keiner Weise der ursprünglichen Planung entsprechen und scheitern.

Beispielsweise sind die Post-It-Zettel so entstanden. In seinem Ursprung sollte nämlich ein Superklebstoff entwickelt werden – im Ergebnis war es jedoch kein Kleber mit herausragender Klebekraft. Sofort entwickelte man daraus die nächste Idee und hatte eine neue Innovation. An diesem Beispiel erkennt man die Wichtigkeit aller Innovationstypen – vor allem von Abfall. Denn ohne die Erfahrung bei der Entwicklung von Abfall-Innovationen wäre man häufig nie zu den wirklich innovativen Produkten gekommen. Jede Art von Innovation ist daher wichtig. Allerdings liefert nicht jede Innovation einen direkten Mehrwert für bestimmte Geschäftssituationen und Anforderungen. Und genau hier gilt es abzuwägen, wann welche Innovationen und vor allem, wie viele davon zum Einsatz kommen sollen.

Innovation entsteht überall – aber wie richtig?

Betrachtet man Unternehmen etwas genauer, erkennt man sehr schnell, dass es zwar einen Zusammenhang zwischen Innovation und Erfolg gibt, Innovation jedoch nicht die alleinige Erfolgsgarantie ist. Befragt man erfolgreiche Unternehmen nach ihrem Erfolgsgeheimnis, taucht der Begriff Innovation immer auf. Selt-

samerweise ist der Innovations-
anteil von Unternehmen, die
vom Markt verschwinden, häufig ebenfalls sehr hoch. Erfolgreiche Unternehmen haben jedoch immer eine Innovationsstrategie. Und genau hier liegt
das Geheimnis: Innovation muss
gezielt und fokussiert stattfinden. Bei zu viel
Innovation kommt es zu einem regelrechten
Verzetteln. Außerdem muss Innovation über
den gesamten Produkt- beziehungsweise Pro-
zesslebenszyklus vorkommen und stattfinden. Diese Kenntnis widerlegt die weit ver-
breitete Meinung, dass Innovation nur etwas
für Start-up-Unternehmen ist. Weit gefehlt!

Betrachten wir beispielsweise den Siemens-
Konzern. Siemens ist eines der weltweit inno-
vativsten Unternehmen überhaupt. Neben den
Top-Positionen auf Patent- und Innovations-
ranglisten erwirtschaftet Siemens 75 Prozent
seines Umsatzes durch Produkte mit einer Le-
bensdauer von weniger als fünf Jahren. Aber
wo kann jetzt Innovation in welcher Form
wirken? Analysieren wir doch einfach den
klassischen Produkt- und Prozesslebenszy-

klus. Wie an zahlreichen Hochschulen gelehrt, findet nach der Produktidee und Markteinführung die Wachstumsphase, dann die Sättigungs- sowie die Abschöpfungsphase statt, bevor der Markt schrumpft und das Ende des Lebenszyklus eintritt.

Innovation spielt natürlich in der Einführungs- und Wachstumsphase eine wichtige Rolle; der wirtschaftliche Erfolg stellt sich jedoch erst in der Abschöpfungsphase dar. Und genau hier gilt es, innovativ zu sein, um Mitbewerber auf Distanz zu halten und den maximalen Ertrag aus dieser Phase zu erwirtschaften. Dabei gibt es zwei generelle Stoßrichtungen für Innovation: Zum einen die Steigerung der Kundenbindung und zum anderen die Optimierung der eigenen Abläufe.

Innovation zur Steigerung der Kundenbindung

Die einfachste Form der Steigerung der Kundenbindung ist die Erweiterung einer Produkt-Linie oder die Erweiterung von Services.

Anhand der Apple-iPod-
Produktfamilie hat man
das durch die Markteinführung des iPod Shuffles oder
iPod Nano erreicht. Besit-

zer eines iPods tendierten speziell für den Ge-
brauch beim Sport oftmals zum Kauf eines
zusätzlichen iPod Shuffles. Eine andere Inno-
vationsvariante ist die Erweiterung um Funktionalität – dies ist das typische Vorgehen bei
Digitalkameras. Höhere Auflösung, größere
LCD-Bildschirme, ein neuer Wackelschutz …
All das hilft, die Kundenbindung zu steigern
und erhöht den Absatz.

Marketing-Innovation ist eine andere Möglichkeit, die Geschäftsbeziehung zum Kunden
zu intensivieren. Klassischerweise werden
hier bestimmte Images oder virtuelle Clubs
mit Sonderkonditionen für bestimmte Services angeboten. Eine eher unkonventionelle
Marketinginnovationen können Sie heute beispielsweise im Flughafen von San
Francisco sehen. Auf dem Weg zum
Abflugschalter befinden sich übli-
cherweise in den Terminals
jede Menge Automaten mit

Getränken und Süßigkeiten, um sich während der Wartezeit zu erfrischen. Mittlerweile steht dort aber auch ein weißer Automat mit einem Apple-Logo. Und ob sie es glauben oder nicht, Apple verkauft dort seine iPods samt Zubehör wie einen Schokoriegel! Der einzige Unterschied besteht darin, dass man als Zahlungsmittel keine Dollarscheine, sondern die Kreditkarte verwendet. Es ist wirklich ungewöhnlich, ein Abspielgerät für digitale Medien im Werte von 250 US-Dollar über den gleichen Kanal wie ein Schokoriegel zu vertreiben – ohne Beratung und ohne Verkäufer. Der Service erfolgt über das Internet. Fast unglaublich!

Eine weitere Möglichkeit, den Kunden enger an sich zu binden, ist die Experiential Innovation. Dabei geht es darum, gemeinsame Erfahrungen außerhalb des eigentlichen Produkt- oder Serviceangebotes zu machen. Klassische Beispiele sind hier das Kunden-Golfturnier oder der Galaabend mit Anhang. So bietet das Sheraton Hotel in Singapur einen so genannten Call-Me Service: Auf der Internetseite des Hotels hat der Gast die Möglichkeit, sich über das Internet kostenlos in seinem Zimmer anrufen zu lassen. Das funktioniert ganz einfach: Mit einem PC samt Mikrofon und Lautsprecher wird eine Sprachverbindung über das Internet zu der Telefonanlage des Hotels aufgebaut. Alle Komponenten wie Telefonanlage, Internetverbindung, Lautsprecher und Mikrofon werden einfach über einen offenen Standard per Internet verknüpft. Die Familie zu Hause erhält einfach den Internetlink und die entsprechende Zimmernummer und schon klingelt das Telefon im Hotelzimmer am anderen Ende der Welt – und zwar mit einer kostenlosen Verbindung vom heimischen PC. Nach einer solchen Erfahrung liegt natürlich nahe, in welchem Hotel Sie das nächste Mal übernachten werden, wenn Sie beispielsweise nach Singapur fliegen.

Innovation zur Optimierung der Kundenbeziehung

Neben der Intensivierung der Kundenbindung gibt es auch Innovationen, die die Kundenbeziehung optimieren sollen. Dabei steht in erster Linie die Steigerung der Produktivität im Vordergrund. Beispielsweise nutzt die Telekommunikationsbranche den Ansatz des Value Engineering, um den Wert einer Lösung für den Kunden entsprechend darzustellen und zu steigern.

Internet-Flatrates werden angeboten. Anschließend wird ein neues Paket geschnürt – mit höherer Bandbreite zum gleichen Preis oder für einen geringen Aufpreis. Im Handymarkt gibt es dann noch zehn SMS-Nachrichten dazu und so weiter.

Eine andere Form zur Optimierung der Kundenbeziehung eröffnet die Integrationsinnovation. Microsoft integrierte zum Beispiel seine Textverarbeitung Word mit der Tabellenkalkulation Excel und der Präsentationssoftware PowerPoint zu einem Office-Produkt. Neben neuer Funktionalität wird also durch die Integration der Produkte eine bessere Lösung angeboten. Eine Steigerung der reinen Integration ist dann die Form der Prozessinnovation, bei der man vorhandene oder noch nicht existierende Prozesse anpasst oder einführt. So hat beispielsweise Michael

Dell den Prozess der Rechnungsstellung vor den Produktionsprozess gestellt (im Gegensatz zur üblichen Abwicklung mit der Auslieferung nach der Produktion). Das Ergebnis zeigt sich direkt in einem optimierten Finanzmanagement. Gerade die Vielzahl an Prozessen und Abläufen in Unternehmen eröffnen hier zahlreiche Möglichkeiten für Verbesserungen. Eine andere Variante einer wertorientierten Innovation ist der Mehrwert-Übergang zwischen verschiedenen Angeboten im Portfolio.

Zum Beispiel kaufen Sie bei IBM einen neuen Server. Gleichzeitig bietet IBM natürlich auch Servicedienstleistungen rund um diesen Server an. Und genau das ist die Idee der Optimierung: Direkt nach dem eigentlichen Verkaufsabschluss wird der nächste Schritt eingeleitet und der Wert von Serviceangeboten wie Aufbau, Installation und anderen demonstriert.

Sie sehen, es gibt viele Möglichkeiten, innovativ zu sein. Wir wollen jedoch Innovationen nutzen, um selbst erfolgreicher zu sein. Und um dies zu gewährleisten, gilt es, mit Innovation professionell und vor allem fokussiert umzugehen. Damit sind wir auch direkt bei unserem nächsten Simplify-Tipp angelangt.

Simplify-Tipp 9: Fehler tolerieren – die Kraft der Ideen ausschöpfen Der klassische Gemischtwarenladen in Bezug auf Innovation führt zu keinem klaren Ergebnis. Übermäßig viel Innovation in zu vielen verschiedenen Richtungen bezweckt genau das Gegenteil, und bedeutet keine Innovation. Auch hier gilt wie bereits im Simplify-Tipp 3 besprochen: Weniger ist mehr. Die Regeln der erfolgreichen Unternehmen in Bezug auf Innovation sind einfach: Mache so viele Fehler wie nur möglich – jedoch keinen Fehler doppelt, und behalte immer den Fokus.

Und genau das sollten Sie auf allen Ebenen des Unternehmens realisieren. Gestalten Sie ein fehlertolerantes Klima.

Es darf in keiner Weise das Gefühl entstehen, dass Fehler zu negativen Konsequenzen führen und Mitarbeiter daher zunächst eine Risikoabschätzung machen, ob ein Innovationsansatz auch wirklich ausprobiert werden soll. Das heißt jedoch nicht, dass jeder tun und lassen kann, was er möchte. Die Erfahrungen aus bereits gemachten Fehlern müssen dokumentiert und auch diskutiert werden. Es leiten sich daraus entsprechende Verhaltensgrundregeln ab, für die es bei Verstößen auch keine Ausnahmen gibt. Nur in einer offenen und fehlertoleranten Arbeitsumgebung werden Sie in der Lage sein, die volle Kraft an Ideen auszuschöpfen.

Ein Prozess zur Realisierung der lernenden Organisation ist unabdingbar. Und dies ist auch der Moment, in dem Sie über die richtige Innovationsstrategie nachdenken sollten. Bei aller Euphorie und allem Optimismus – legen Sie den Fokus fest und definieren Sie den Rahmen, in dem Innovation stattfinden soll. Prüfen Sie, in welchem Stadium des Lebenszyklus Sie sich befinden und definieren Sie das angestrebte Ziel. Lassen Sie nur Innovationen aus diesem Bereich zu – alles andere wird zeitlich auf einen späteren Zeitpunkt verlagert. Und schon kann es losgehen. Doch welche Innovationen sind die besten?

Simplify-Tipp 10: Einfache Innovationen bringen das Unternehmen weiter – nicht die großen Paukenschläge Die besten Innovationen sind die einfachen Dinge – und nicht wie häufig vermutet die großen Paukenschläge. Beim Thema Innovation glauben viele immer noch, sie müssten das Niveau der »eierlegenden Wollmilchsau« erreichen. Das ist ein Trugschluss, denn je komplizierter sich eine Innovation darstellt, desto weniger Zuspruch wird sie finden. Wenn vier Experten nötig sind, um die Einfachheit einer Innovation zu erklären, dann will der Nutzer nichts mehr davon wissen. Suchen Sie lieber nach den kleinen Ereignissen, die Sie einfach beeinflussen können und die daraufhin eine Kettenreaktion auslösen.

Die Kunst ist es, jene Schalter zu finden, die die wirklich großen Dinge auslösen. Ein Beispiel kann das veranschaulichen: Bei einem großen Bauprojekt werden mehrere tausend Stahlträger benötigt. Diese müssen produziert, gelagert, transportiert und verbaut werden. Leider geht es auf der Baustelle nicht schnell genug voran. Die Anzahl der Bauarbeiter und der LKW, die die Stahlträger anliefern, wird deshalb erhöht. Mit der Folge, dass sich der Baufortschritt weiter verlangsamt, da immer mehr Menschen und Material auf der Baustelle koordiniert werden müssen. Dann kam man auf eine 15-Cent-Idee: Warum die Stahlträger nicht mit einem RFID-Chip ausstatten? Dieser speichert sämtliche Trägerinformationen wie Größe, Beschaffenheit et cetera und lässt sich in Echtzeit automatisch auslesen und lokalisieren.

Ab dem Moment der Fertigstellung des Stahlträgers lässt sich dadurch erkennen, wo er sich befindet – und man kann die LKW gemäß Zielort nach Bedarf beladen. Auf der Baustelle ist zudem immer klar, wohin die Ladung eines LKW gefahren werden muss. Und es geht noch weiter: Man könnte das komplette Projektcontrolling durch Anbindung an das Projekt- und Finanzsystem in Echtzeit gewährleisten, ja sogar die Wartungsarbeiten am fertigen Gebäude ließen sich durch RFID-Chips unterstützen. Sie sehen: Eine kleine Innovation erzielt eine große Wirkung und hilft, das Ziel schnell und sicher zu erreichen Die Kunst der wirkungsvollen Innovation ist es, groß zu denken und klein anzufangen: Think Big – Start Small.

Simplify-Tipp 11: Innovation – am besten im Doppelpack Wir haben gerade über das Risiko des Misserfolges bei zu vielen Innovationen diskutiert. Eine Empfehlung lautete, sich zu fokussieren. Bei der Analyse von vielen erfolgreichen Unternehmen ist ein interessantes Muster zu erkennen: Die meisten Unternehmen wählen immer genau eine Innovation zur Optimierung der Produktivität und eine zur Intensivierung der Kundenbeziehung aus. Diesem Doppelpack an Innovation gilt dann der Fokus und er wird systematisch nach vorne getrieben. Dadurch wird einerseits gewährleistet, dass das Unternehmen permanent danach strebt, besser zu werden und die Themen Profitabilität und Kosten im Bewusstsein behält. Andererseits arbeitet man kontinuierlich an einer Steigerung der Marktanteile. Das Ergebnis ist eindeutig: nachhaltiges, profitables Wachstum. Whirlpool hat mit dieser Strategie unglaubliche Erfolge erzielt. Das Unternehmen fokussierte auf die Verbesserung 15 vorhandener Kundenberührungspunkte. Ein Teil davon war die Einführung eines Prozesses mit einem globalen Preismodell. Andererseits integrierte und konsolidierte Whirlpool auf Basis genau einer Plattform sämtliche Prozesse. Das Ergebnis aus diesen zwei Innovationen ist beeindruckend: In einem nahezu statischen und bereits gesättigten Markt wurde die Marge um ein Prozent pro Jahr gesteigert und der Marktanteil stieg sogar um 1,8 Prozent pro Jahr. Dieser Erfolg wurde maßgeblich durch den Fokus auf den Doppelpack ermöglicht.

Simplify-Tipp 12: Einen Standardprozess für Innovation definieren Eine weitere Voraussetzung für erfolgreiche Innovation besteht darin, dass Sie sich Gedanken darüber machen, wie Sie einen entsprechenden Standardprozess etablieren können. Innovation ist ein permanenter Prozess und muss daher ständig betrieben werden.

Zudem ist Innovation ein unternehmensweiter Prozess, an dem alle Mitarbeiter beteiligt sind. Auch die Tatsache, dass Sie aus Innovation lernen müssen, setzt einen entsprechenden Prozessrücklauf voraus. Somit wäre es  wichtig, einen Prozess festzulegen, nach dem Innovation im Unternehmen gelebt wird.

Dieser umfasst ein Element zur Förderung von Innovation. Das kann auf individueller Ebene geschehen, aber auch in Gruppen.

Es hat sich in der Praxis bewährt, auch abteilungsübergreifend oder gar unternehmensübergreifend zu denken. Wichtig ist außerdem, dass dieser Entwicklungsteil direkt mit der Vision und den Zielen des Unternehmens verknüpft ist. Nur so lassen sich eine übermäßige Vielfältigkeit und mangelnder Fokus vermeiden. Danach muss eine Prüfung auf Machbarkeit und die entsprechende Beurteilung und Umsetzung erfolgen. Dieser Schritt ist mitunter der wichtigste. Zum einen, da hier eine Missinterpretation oder mangelnde Themenkenntnis zu einer Fehleinschätzung und damit verbundenem Wettbewerbsnachteil führen kann. Zum anderen erfolgt hier auch der Lerneffekt, den es in die Organisation zurück zu spielen gilt. Ein weiteres Element ist dann die Realisierung und Umsetzung der Innovation in Hinblick auf den erhofften Nutzen. Dabei kommt ein weiterer Aspekt ins Spiel, dem der nächste Simplify-Tipp gilt.

Simplify-Tipp 13: Den Innovator an der Umsetzung beteiligen Um Innovation im Unternehmen als etwas Positives zu positionieren, ist es unabdingbar, den Ideengeber, den eigentlichen Innovator bei der Umsetzung einzubinden. Häufig wird die Innovation von anderen Teams realisiert, der Ideengeber selbst aber lediglich mit Sachgeschenken oder monetär bedacht. Dies ist jedoch nicht sinnvoll – denn oftmals ist der Innovator mit der Umsetzung seiner Innovation nicht einverstanden und frustriert. Andererseits kann es passieren, dass es der Innovator mit seiner Idee nicht bis zur Realisierung schafft – und damit sich und das Unternehmens um eine große Chance bringt. Beide Fälle kommen vor und haben zur Folge, dass Innovationen nicht mehr in den Prozess eingeklinkt werden und somit auch keine Beachtung finden.

Wenn Sie möchten, dass Ideen und Innovationen permanent entwickelt und ausdiskutiert werden, stellen Sie sicher, dass der Ideengeber über den kompletten Zeitraum der Realisierung in das Projekt einge-

bunden wird. Dies ist vor allem ein Zeichen dafür, dass er nicht um seine Ideen bestohlen werden kann. Auf solch einer Basis kann jeder Einzelne seine Innovationen offen diskutieren und voll zur Geltung bringen. Dies motiviert auch andere Kollegen, ihre Ideen einzubringen und das Unternehmen erfolgreicher zu machen.

Diesen Schritt hat Ton van Dijk, Manager IT Architecture & Policy bei Heineken, bereits vollzogen: »Eine Serviceorientierte Architektur ermöglicht es, unsere bestehenden IT-Investitionen in einer innovativen und effizienten Weise auch in kleineren Unternehmen zu nutzen. Wir können Anforderungen schneller umsetzen, bestehende Lösungen weiter ausbauen und das bei geringeren Gesamtkosten. Genau das dient unserem eigentlichen Geschäft und sichert uns langfristigen Erfolg: Produkt- und Prozessinnovationen schneller an den Markt zu bringen. Wir erwarten sehr viel von der Serviceorientierten Architektur, deshalb bereiten wir uns sehr früh darauf vor und sammeln erste Erfahrungen, um alle Vorteile für unser Geschäft zu nutzen.«

Outsourcing –
Absteigen vom toten Pferd

Der Trend des Outsourcings entstand in den 90er Jahren und sollte als Wunderwaffe zur Kostensenkung in Unternehmen dienen, ganz nach dem Motto »Do my Mess for Less«. Betrachten wir einmal das Wort Outsourcing selbst. Es ist ein Kunstwort, das sich aus den englischen Begriffen Outside, Resource und Using zusammengesetzt ist. Führt

Perhaps your horse is not dead.

It's only outsourced.

man sich diese Begriffe einmal zu Gemüte, so wird sehr schnell klar, dass diese Wortbildung einige Schwierigkeiten – oder wie man so schön sagt: Herausforderungen – mit sich bringt.

Als Outsourcing bezeichnet man zunächst ganz einfach das Abgeben von Unternehmensaufgaben an einen externen Dienstleister. Teure oder selbst nicht effizient ausführbare Aufgaben, die oftmals auch nicht zum Kerngeschäft des Unternehmens gehören, werden an spezialisierte Dienstleister abgegeben. Oft macht es nämlich gar keinen Sinn, diese Aufgaben mit hohem Aufwand selbst zu erbringen, da die gleiche Leistung bei einem Dienstleister unter Ausnutzung von Skaleneffekten meist billiger und in höherer Qualität eingekauft werden kann.

Die Motivation, warum heute viele Unternehmen outsourcen, liegt vor allem in der Rationalisierung von Geschäftsprozessen, in der Reduzierung von Prozesskomplexität, der Freisetzung von Ressourcen und der Flexibilisierung des Unternehmens mit dem Ziel, sich auf das eigentliche Kerngeschäft fokussieren zu können. Der Leitspruch lautet hierbei »Do What You Can Do Best – Outsource the Rest«. Das damit verbundene Potenzial zur Kostensenkung scheint nahezu unendlich.

Das klingt verlockend – leider ist es aber nicht ganz so einfach. Wie so oft trügt auch hier der Schein. Relativ schnell stellte sich Ernüchterung über den anfänglichen Outsourcing-Hype ein. Denn zur reinen Kostenreduktion genügt es bei weitem nicht, sämtliche Aufgaben oder Prozesse einfach an einen Dienstleister auszulagern.

Auch beim Outsourcing erst die Hausaufgaben machen

Viele Unternehmen haben sich oft blind der Versuchung hingegeben, ganze Prozesse oder gar Unternehmensbereiche inklusive der Mitarbeiter auszulagern, ohne vorher ihre Hausaufgaben gemacht zu haben. Wahllos wurde outgesourced, um die versprochenen Früchte in Form von Kostenvorteilen zu ernten. Unternehmen lagerten teilweise die gesamte IT inklusive aller Mitarbeiter an einen Dienstleister aus. Doch schon kurze Zeit später war die Verwunderung groß. Keiner der versprochenen Vorteile stellte sich im erwarteten Umfang ein. Im besten Fall gab es Enttäuschung wegen ausbleibender Vorteile, im schlechtes-

»Costs are much too high. Some of you have to be outsourced.«

ten Fall jedoch waren Unternehmen bisweilen nicht mehr wettbewerbsfähig. In extremen Fällen drohte sogar die Unternehmenspleite, weil man durch Outsourcing oft an Flexibilität eingebüßt hatte. Denn vollständige Auslagerung verschiebt zwar das Risiko zum Dienstleister, aber auch den direkten Einfluss. Dieser kann oftmals durch die Auslagerung in Billiglohnländer (auch Offshoring genannt) günstige Preise anbieten, aber gleichzeitig zeigt sich dabei auch häufig, dass enorme Aufwände für Kommunikation und Abstimmung zwischen Auftraggeber und Dienstleister entstehen und ein großes Stück an Flexibilität verloren geht. Nur jedes zweite Outsourcing-Projekt erfüllt bislang die Erwartungen. Vor allem die Einsparungen fallen unter dem Strich oft weit geringer aus als gewünscht oder erwartet.

Warum ist das so? Einen großen Anteil am Scheitern von Outsourcing-Projekten tragen oftmals die Unternehmen selbst. Viele entscheiden sich übereilt, meist sogar unter hohem Kostendruck für einen externen Dienst, ohne zuvor ihre Hausaufgaben gemacht zu haben. Dazu gehört, systematisch zu prüfen, ob und wenn ja was in welchem Umfang ausgelagert werden soll.

Business Process Outsourcing

Beim so genannten Business Process Outsourcing (BPO) wird ein ganzer Unternehmensprozess an einen Dienstleister abgegeben, etwa der Einkauf. Das heißt, der Dienstleister verhandelt und besorgt für den auslagernden Betrieb günstigere Konditionen bei der Beschaffung. Weitere Beispiele sind HR-Management, Payroll-Processing oder Transaktions-Banking. Oftmals wurden hier in der Vergangenheit Prozesse ausgelagert, die einen hohen IT-Bedarf mit sich brachten, der dann von einem Dienstleister übernommen wurde.

Und hier stellt sich nun die Kernfrage beim Outsourcing. Nicht mehr die Frage »Sollen wir outsourcen?«, sondern »Was sollen wir outsourcen?« ist zu beantworten.

Als hilfreich zur Beantwortung dieser Frage erweist sich ein den Dakota-Indianern zugeschriebenes Sprichwort: »Wenn dein Pferd tot ist, steig ab!« Mit einem ironischen Augenzwinkern bringt es Themen wie Veränderung, Reform oder gar Neuorganisation auf den Punkt.

Vom toten Pferd absteigen, nicht vom gesunden

Der größte Fehler beim Outsourcing ist es, zentrale Bereiche oder Kernprozesse an einen externen Dienstleister abzugeben. Denn das bedeutet ein hohes Risiko für Unternehmen. Know-how der Kernbereiche wird preisgegeben oder geht sogar verloren, und gleichzeitig entsteht eine unnötige Abhängigkeit vom Dienstleister. Oftmals kann hierbei die Qualität der ausgelagerten Prozesse nicht mehr beeinflusst werden. Gerade in qualitätsbewussten Ländern kann das für ein Unternehmen das Aus bedeuten. Zu guter Letzt bedeutet es natürlich auch, dass jeder zu einem Dienstleister ausgelagerte Prozess theoretisch auch jedem Konkurrenten in der gleichen Qualität und zum gleichen Preis zur Verfügung steht. Dadurch wird es natürlich sehr schwer und in manchen Fällen sogar unmöglich, sich in ausgelagerten Bereichen zu differenzieren.

Unternehmen sollten daher sorgsam darauf achten, welche Prozesse oder Aufgaben ohne großes Risiko ausgelagert werden können. Geeignet sind Prozesse, mit denen sich das Unternehmen nicht differenzieren möchte, jedoch Kosten reduziert und die Produktivität gesteigert werden können, zum Beispiel Abrechnungsprozesse. Bei Prozessen oder Aufgaben allerdings, die zu den Kernbereichen gehören und durch die sich das Unternehmen stark von anderen am Markt unterscheidet, sollte intensiv geprüft werden, ob Outsourcing wirklich sinnvoll ist.

Outtasking, der neue Trend

Da differenzierende und nicht differenzierende Prozesse oftmals sehr eng miteinander verbunden sind, ist heute eine neue Form des Outsourcings stark im Kommen. Es geht darum, einzelne Funktionen oder Schritte innerhalb eines Prozesses gezielt an Dienstleister zu vergeben. Das nennt man dann Outtasking. Personal oder Inventar gehen dabei nicht zwangsläufig über. Mithilfe des Outtasking können Unternehmen also ganz explizit entscheiden, welche lahmen Pferde sie von einem Dienstleister wieder zu Höchstleistungen treiben lassen, ohne erfolgskritische Teile des Kerngeschäfts zu vernachlässigen. Denn was für ein Unternehmen Context ist, ist für einen Dienstleister Core und das Pferd kommt damit wieder zu seiner vollen Leistung.

Outtasking lässt sich auf technischer Ebene auch als das Auslagern einfacher elementarer Operationen, Funktionen und einzelner Anwendungen an einen externen Dienstleister verstehen. Ein oft praktiziertes Beispiel hierfür ist das Einholen einer Schufa-Auskunft, die zum Beispiel von einer Bank durchgeführt wird.

Günter König, CIO Salzgitter, hat mit Outsourcing ebenfalls seine Erfahrungen gemacht: »Mit Outsourcing alleine werden keine Probleme behoben. Nur ein von der Prozessseite optimal aufgestelltes Unternehmen kann durch Right-Sourcing gezielt Aufgaben verlagern. Damit beginnt die Steuerung gezielt ausgewählter, externer Ressourcen als Teil des gesamten Geschäftsmodells. Die richtige Sourcing Strategie ist eine absolute Notwendigkeit im Rahmen einer strategischen IT und stellt die Grundvoraussetzung zur Zukunftssicherung eines Unternehmens dar.«

Hier kommt nun wieder das Paradigma Serviceorientierter Architekturen ins Spiel. In einer SOA können Services – gekapselte, wiederverwendbare und lose koppelbare betriebliche Funktionseinheiten – in unterschiedlichen Feinheitsgraden flexibel aus Geschäftsprozessen oder Anwendungen an Dienstleister ausgelagert werden. Man könnte das auch als »Outservicing« bezeichnen. Wichtig ist zu erkennen, dass wir uns heute auf einer ganz detaillierten Ebene mithilfe der Technologie entscheiden können, welche Aufgaben wir innerhalb eines Prozesses outsourcen wollen, um auf der einen Seite die Produktivität und Qualität zu erhöhen, ohne auf der anderen Seite die Flexibilität und Wettbewerbsfähigkeit des Unternehmens zu vernachlässigen.

Der Trend zum Outsourcing ist laut Analysten noch nicht an seinem Höhepunkt angelangt. Unternehmen müssen sich daher auf jeden Fall die Frage stellen, wie sie in einer

zunehmend globalisierten Welt wettbewerbsfähig bleiben können – mit oder ohne Outsourcing? An dieser Stelle verlagert sich die
Motivation für Outsourcing von einer reinen
Kostenorientierung (»Run my Mess for Less«)
zu einer Qualitäts-, Wachstums- und Innova-
tionsorientierung. Daher möchten wir Ihnen
einige Tipps geben, die Sie bei Ihren Entscheidungen rund um Outsourcing beachten
sollten.

**Simplify-Tipp 14: Absteigen, solange das Pferd
noch lebt** Wie wir gesehen haben, kann Outsourcing in den unterschiedlichsten Bereichen
eines Unternehmens mehr oder weniger sinnvoll sein. Wahr-
scheinlich haben auch
Sie in Ihrem Unter-
nehmen bereits tote oder
lahmende Pferde. Ob Sie
nun einzelne Aufgaben
innerhalb der Kernbereiche oder ganze Prozesse aus der Administration auslagern, die
Auswirkung auf Kosten und Flexibilität ist je-
weils unterschiedlich. Eine Outsourcing-Ent-
scheidung ist aber grundsätzlich nur dann

Wenn dein Pferd tot ist, steig ab.

sinnvoll, wenn es Ihrem Unternehmen gut geht und die Entscheidung nicht unter starkem Finanz- oder anderem Druck getroffen wird. Viele Unternehmen haben in der Vergangenheit allerdings zum Beispiel gerade aufgrund starken Kostendrucks entschieden, Aufgaben, Prozesse oder gar ganze Bereiche an einen externen Dienstleister zu geben. Die erhofften Kosteneinsparungen blieben in vielen dieser Fälle leider aus.

Wenn Sie fundiert entscheiden wollen, was (zum Beispiel welche IT-Infrastrukturbereiche), wann (richtiger Zeitpunkt), wohin (Anbieterauswahl) ausgelagert werden soll, analysieren Sie frühzeitig Ihre Situation. Unter Zeit- oder Finanzdruck treffen Sie nur selten wirklich gute Entscheidungen.

Prüfen Sie rechtzeitig, welche Pferde eventuell lahmen oder schon tot sind. Mithilfe von Review-Zyklen können Sie entscheiden, in welchen Bereichen Sie sinnvoll Outsourcing betreiben können.

Simplify-Tipp 15: Lahmende Pferde auf einer anderen Koppel wieder fit machen Wenn Sie lahmende Pferde in Ihrem Unternehmen ent-

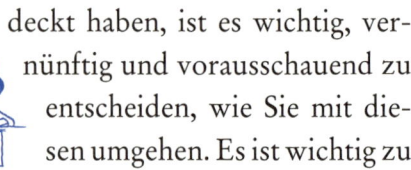

deckt haben, ist es wichtig, vernünftig und vorausschauend zu entscheiden, wie Sie mit diesen umgehen. Es ist wichtig zu erkennen, ob und mit wie viel Aufwand sich diese von den gesunden Pferden isolieren lassen, die Ihr Unternehmen braucht, um wettbewerbsfähig zu bleiben. Eines darf beim Outsourcing allerdings auf keinen Fall passieren. Es dürfen keine gesunden Pferde das Unternehmen verlassen, sodass Sie an Flexibilität und Steuerungsfähigkeit verlieren.

Sie sollten beim Outsourcing daher sehr sorgfältig darauf achten, welche Pferde durch gezieltes Outtasking ohne größeres Risiko für Ihr Unternehmen ausgelagert werden können. Vielleicht reitet ja auch ein anderer Ihre toten Pferde viel besser, weil sie für diesen das Kerngeschäft darstellen. In jedem Fall aber sollten Sie gesunde Pferde sicher im Unternehmen halten. Denn diese Pferde sind es, die Sie bei der nächsten Änderung Ihres Geschäftsmodells über die Ziellinie bringen.

Simplify-Tipp 16: Den Stall sauber halten In vielen Unternehmen werden erforderliche

Veränderungen nicht oder nur halbherzig in Angriff genommen. Man will es einfach nicht wahrhaben, dass ein Pferd tot ist, auf dem man so viele Jahre gut geritten ist. Anstatt abzusteigen, werden andere Wege beschritten, um mit dem toten Pferd leben zu können.

Der Reiter wird gewechselt oder neue Trainer, sprich: Berater, eingekauft. Oder es wird umstrukturiert, damit ein anderer Bereich das lahme Pferd bekommt. Vielleicht gründen Sie auch einen Arbeitskreis, um das lahmende oder bereits tote Pferd zu analysieren. Zu guter Letzt besucht man andere Koppeln (Unternehmen), um zu sehen, wie dort lahme Pferde geritten werden. Stellt man dabei fest, dass auch die anderen noch versuchen, auf ihren lahmen Pferden zu reiten, erklärt man das einfach zum Standard.

Haben Sie sich gerade bei der einen oder anderen Aussage trotz Schmunzelns auch wenig ertappt gefühlt? Noch nicht? Dann aber bestimmt bei dieser: »So sind wir eben schon immer geritten.«

Gerade beim Outsourcing ist es essenziell, mit Veränderungen leben zu können und diese aktiv zu steuern. Permanente Änderungen im Geschäft und im Markt bedeuten auch einen permanenten Wechsel von Pferden, die lahmen und deshalb vielleicht auszulagern sind. Dies verlangt ein starkes Veränderungsmanagement im Unternehmen, da das nötige Auslagern von jahrelang zuverlässigen Pferden meist einen starken Einfluss auf die Art und Weise hat, welche Personen innerhalb des Unternehmens wie daran arbeiten. Indem Sie kontinuierlich den Gesundheitszustand der Pferde überprüfen, können Sie auch in Ihrem Unternehmen sicher feststellen, welche lahmenden und toten Pferde Sie eventuell abstoßen müssen, um sich wieder auf Ihre zugkräftigen, gesunden Pferde konzentrieren zu können. Überlegen Sie sich doch einmal, eine Art Portfolio-Manager im Unternehmen zu etablieren, der den Gesundheitszustand der Pferde ständig überprüft und rechtzeitig lahmende Pferde auslagert. Dann können Sie sich immer voll und ganz auf Ihre gesunden Pferde konzentrieren.

Simplify-Tipp 17: Auch mal andere Jockeys reiten lassen Das Auslagern von toten Pferden ist eine strategisch richtige Entscheidung. Aber was passiert mit den Menschen, die das Pferd geritten haben?

Werden Pferde ausgelagert, setzt das häufig Ressourcen innerhalb des eigenen Unternehmens frei, die zuvor noch das lahmende Pferd gepflegt haben. Sie müssen nicht alles selbst erbringen. Haben Sie schon einmal darüber nachgedacht, ganze Applikationen von außen zu beziehen? Mit so genannten On-Demand-Lösungen wird genau dies angeboten, das heißt, Sie geben das reine Management der Anwendung nach außen, ohne dass Ihre Benutzer wirklich einen Unterschied spüren. Die Herausforderung ist es nun, diese frei werdenden Ressourcen wieder gezielt in unterschiedlichen Bereichen des Unternehmens einzusetzen, um gesunde Pferde zur Höchstleistung anzutreiben. Sicherlich ist es nicht realistisch, dass Jockeys, die gestern noch ein sehr langsames oder schon totes Pferd geritten haben, plötzlich das schnellste Pferd im Stall erfolgreich reiten.

Frei werdende Personalkapazitäten müssen daher entsprechend ihrer Fähigkeiten und ihres individuellen Entwicklungspotenzials auf andere Pferde gesetzt werden, die sie reiten können – und auch wollen. Den Reitern, die bisher diese Pferde geritten haben, kann man nun vielleicht das schnellste, tollste oder beste Pferd im Stall anvertrauen. Das sorgt zu guter Letzt für eine gesunde Rotation von Ressourcen im Unternehmen und stellt damit Entwicklungsperspektiven und Abwechslung für die einzelnen Mitarbeiter sicher. Gleichzeitig führt es im Unternehmen zu einem guten Austausch und wachsendem Verständnis zwischen Bereichen.

Simplify-Tipp 18: Den richtigen Partner finden »Drum prüfe wer sich (länger) bindet« lautet das leicht abgewandelte Motto bei der Wahl von Partnern, denen wir tote Pferde anvertrauen wollen. Auch wenn wir keine für das Unternehmen wirklich erfolgskritischen Aufgaben oder Bereiche auslagern, ist es sehr bedeutsam, dass die Beziehung und das Vertrauen sowie die vertragliche Grundlage vorhanden sind, um das Outsourcing-Vorhaben erfolgreich zu gestalten.

Bei der Auswahl des Partners ist auf Kriterien wie Kosten und finanzielle Stabilität, auf Branchen- und Anwendungsexpertise und auf Referenzen zu achten. Denn immerhin geben Sie dem Partner einen Teil Ihres Geschäftes in die Hand, und davon sollte er wirklich etwas verstehen.

Zudem sollten Sie die zu erbringende Leistung vom Outsourcing-Partner vertraglich festlegen, um Qua-  lität und Verfügbarkeit für Ihr eigenes Geschäft sicherzustellen. Hierfür eignen sich so genannte Service-Level-Agreements (kurz SLA), um den zu erbringenden Serviceumfang besser steuern zu können. Der Kniff dabei ist, die zu erbringende Leistung messbar zu machen und gegebenenfalls Strafen für die Nichteinhaltung aufsetzen. Ziehen Sie in dieser Hinsicht einen Experten zurate: Laut aktueller Statistik sind lediglich zehn Prozent aller SLA für beide Parteien juristisch und aus Geschäftssicht professionell aufgesetzt. Sichern Sie sich in diesem Punkt die Unterstützung eines Experten – ganz nach dem Motto: Vertrauen ist gut, Kontrolle ist besser!

Die Zusammenarbeit mit Partnern erweitert den Wirkungsraum. Aus der reinen Innensicht entsteht eine Außensicht, eigentlich ein komplettes Ökosystem, von dem Sie Bestandteil sind – womit wir nun schon zum nächsten Thema kommen.

Ökosystem –
Innovation passiert überall

Wir haben in den vorangegangenen Kapiteln erfahren, wie internetbasierte Plattformen ganz neue Anwendungsmöglichkeiten eröffnen. Dabei allein wird es allerdings nicht bleiben. Es werden auch neue soziale Strukturen entstehen, die den Informationsfluss und die Zusammenarbeit globaler Unternehmen fördern. Die Innovationszyklen werden sich dadurch dramatisch verkürzen.

Unternehmen nutzen das Internet immer mehr, um neue Produkte zu entwickeln, mit Kunden zu kommunizieren und die Beziehungen zu Mitarbeitern sowie Geschäftspartnern zu pflegen. Neues entsteht dabei weitaus häufiger als bislang in gemeinschaftlicher Arbeit – mit Partnern, Lieferanten oder manchmal sogar Konkurrenten. Das nennt man

Collaborative Development. Als neue Konzepte für Forschung und Entwicklung helfen Innovationsnetzwerke Unternehmen, ihren Bedarf an Know-how und neuen Ideen weltweit zu decken, beispielsweise im Softwarebereich. In Innovationsnetzwerken verbinden sich – je nach Aufgaben – mehr oder weniger spezialisierte Unternehmen und auch Einzelpersonen, um zusammen zu forschen und zu entwickeln. Als Werkzeuge oder Rahmenstrukturen dienen kollaborative Systeme und Integrationsplattformen, wie beispielsweise Serviceorientierte Architekturen oder Geschäftsprozessplattformen. Diese zeigen ganz neue Möglichkeiten für die Wertschöpfungskette auf.

 Langfristig lassen diese Entwicklungen neue Märkte für IT-Systeme und -Lösungen entstehen und sorgen für Bewegung am Markt. Reines Offshoring oder Outsourcing ist deshalb überholt. Heute gilt es, über globale Lieferketten nachzudenken, um die größtmögliche Innovationsfähigkeit und damit sowohl Differenzierungsmöglichkeiten als auch mehr Produktivität zu

fördern. Für Unternehmen wird es deshalb in Zukunft immer wichtiger, Teil eines Innovationsnetzwerks zu werden, um möglichst früh die Früchte der Innovationen zu ernten.

Das Ganze ist größer als die Summe der einzelnen Teile

»Einer für alle und alle für einen« – dieses Motto der drei Musketiere scheint sich derzeit in der Software-Industrie zu etablieren. Plattform-Anbieter wie SAP schließen sich mit Partnerunternehmen und führenden Kundenunternehmen unterschiedlicher Branchen zusammen, um auf einer gemeinsamen Technologie- oder Softwarebasis neue Lösungen für Unternehmen zu entwickeln. Als Basis oder Architektur-Richtlinie für diese Entwicklungen dienen Serviceorientierte Architekturen, die sicherstellen, dass alle Partner die gleiche Sprache sprechen.

Die Idee dabei ist es, dass ein dynamisches Ökosystem aus Partnern, Kunden und Plattformherstellern gemeinsam mehr Innovation erreichen kann als jeder für sich. Ein derartiges Ökosystem ermöglicht so genannte Co-Innovation. So lassen sich besonders kritische Geschäftsanforderungen erfüllen, die geballte Innovationskraft erfordern.

Netzwerke brauchen Ordnung und Gleichgesinnte

Noch interessanter für Unternehmen sind so genannte Industrienetzwerke, die sich gezielt auf innovative Lösungen für einzelne Branchen konzentrieren. Sie bilden eine wichtige Basis für ein neuartiges Kooperationsmodell, das Kunden, Dienstleister und Technologieanbieter verbindet. In einem Netzwerk für die Konsumgüterindustrie entwickeln Partner beispielsweise Integrationsszenarien für Lebensmittelsicherheit oder die Verwaltung von Wein und Spirituosen sowie Lösungen zur Einhaltung industriespezifischer gesetzlicher und betrieblicher Richtlinien (Compliance).

Das Netzwerk für Chemie hingegen interessiert sich eher für einen besseren und sichereren Umgang mit Gefahrgut unterstützt durch Technologie und Software.

Die Gemeinschaft fördert den Ideenaustausch und die Zusammenarbeit aller Beteiligten. Diese können ihre zentralen Geschäftsanforderungen diskutieren und Best Practices austauschen. Um Szenarien zu realisieren, liegt es nah, gemeinsam industriespezifische Schnittstellen zu entwickeln, umzusetzen und weltweit zu verbreiten. Hier kommen nun wieder die zuvor beschriebenen Dienste im Rahmen Serviceorientierter Architekturen ins Spiel, um Prozesse optimal und kostengünstig abzubilden.

Die aus der Zusammenarbeit hervorgehenden Ergebnisse oder Services machen idealerweise kostenintensive Integrationsprojekte zwischen Partnerlösungen und Plattformhersteller überflüssig. Denn nutzen alle Partner und auch die Plattformhersteller die gleichen Schnittstellen und Softwaremodule, lässt sich Innovation schneller und kostengünstiger realisieren. Dadurch sparen Unternehmen viel Zeit und Geld. Beides können sie zur Optimierung ihrer IT-Systeme einsetzen.

Funktioniert solch ein Öko-system aus Plattform-Anbie-ter, unabhängigen Partnern und führenden Unternehmen unterschiedlicher Branchen, so ergibt sich daraus ein enormes Potenzial für neue Lösungen und gemeinsame Innovationen. Das bietet Unternehmen als Konsumenten einer Plattform den flexiblen Zugriff auf unterschiedliche innovative Lösungen. Damit sind Unternehmen in der Lage, aus dem Ökosystem resultierende Innovation schneller und kostengünstiger geschäftlich zu nutzen als jemals zuvor.

Simplify-Tipp 19: Innovative Netzwerke suchen Um dauerhaft wettbewerbsfähig und erfolgreich zu sein, kommt es darauf an, so früh wie möglich neue Technologien oder Lösungen zum Vorteil der eigenen Geschäftsprozesse einzusetzen. Als Teil eines Innovationsnetzwerkes mit Softwareanbietern, anderen Unternehmen und Partnern gelingt Ihnen das. Gemeinschaftlich lassen sich geschäftliche Herausforderungen mit den neuesten Technologien besser und schneller lösen – und vor allem: Neue Chancen schneller nutzen!

Arvind J. Singh, CEO Utopia, ist begeistertes Mitglied eines Ecosystems: »Die zunehmende Spezialisierung im Produkt- und Dienstleistungsangebot von Unternehmen drängt diese in immer kleiner werdende Nischen. Die Fokussierung bietet jedoch auch neue Möglichkeiten im Rahmen eines komplementären Angebotes von Produkten und Dienstleistungen im Gesamtmarkt. Durch Partnerschaften innerhalb eines Ecosystems ist man in der Lage, wesentlich schneller in neue Märkte und Kundensegmente vorzudringen. Die Summe des Ganzen ist damit größer als die Summe der Einzelteile. Ein aktives Ecosystem ist nicht nur schmuckes Beiwerk, sondern vielmehr ein kritischer Erfolgsfaktor in der Wachstumstrategie eines globalen Unternehmens.«

Beteiligen Sie sich an einem Netzwerk und leisten Sie einen möglichst großen, aktiven Beitrag. Damit stellen Sie sicher, dass die ganz speziellen Anforderungen Ihres Unternehmens auch zur Sprache und Umsetzung gelangen.

Halten Sie Ausschau nach Netzwerken, die Ihr Unternehmen und Ihr Geschäft entscheidend weiterbringen können. Es gibt heute bereits Netzwerke, die sich den ganz speziellen aktuellen und zukünftigen Herausforderungen Ihrer Industrie widmen und innovative Ideen und Lösungen vorantreiben. Das hält Ihr Unternehmen auch morgen noch sicher in der Erfolgsspur!

Simplify-Tipp 20: Communities – Mit Gleichgesinnten austauschen Finden Sie doch einfach heraus, an welchen Gemeinschaften (Communities) oder Netzwerken Ihr direkter Wettbewerber teilnimmt. Und prüfen Sie dann, ob das vielleicht auch für Sie etwas wäre. Das gute alte Sprichwort »Gleich und gleich gesellt sich gern« bekommt so eine ganz neue Bedeutung.

Nicht selten gibt es industriespezifische Netzwerke, in denen die härtesten Konkurrenten einer Branche kooperieren, weil sie ganz einfach erkannt haben, dass es essenziell für eine funktionierende Zusammenarbeit innerhalb einer Branche ist.

**Simplify-Tipp 21: Zu viel Offenheit kann scha-
den** Der Beitritt zu einem derartigen Netzwerk birgt natürlich auch Risiken.
Denn oftmals werden hier geschäftliche Anforderungen diskutiert, die unter Umständen er-
folgskritisch für Ihr Unternehmen sind oder
vielleicht Ihren entscheidenden Wettbewerbsvorteil darstellen.

Vergegenwärtigen Sie sich deshalb immer
wieder, welche Prozesse Ihres Unternehmens
Core oder Context sind. Verraten Sie niemals
anderen Unternehmen, was Sie mit den aus
dem Netzwerk resultierenden Innovationen
in Ihrem Core-Bereich vorhaben. Nutzen Sie
aber das Netzwerk, um Ihre Anforderungen
im Context zu erfüllen und kontinuierlich zu
optimieren.

**Simplify-Tipp 22: Innovationsbausteine im-
mer wieder neu verwenden** Aus Innovationsnetzwerken und deren Ökosystemen werden zahlreiche Innovationen und damit ein
großes Portfolio an neuen Lösungen für unterschiedliche Geschäftsprozesse oder auch
ganze Branchen entstehen. Diese erfüllen si-

123

cherlich nicht zu 100 Prozent alle Ihre Anforderungen und in dem einen oder anderen Fall müssen Sie sicherlich auch zukünftig selbst Hand anlegen. Bevor Sie dies allerdings tun, sollten Sie sehr sorgfältig prüfen, ob Teile einer von Ihnen gewünschten Lösung nicht eventuell schon bestehen und Sie die zugrunde liegenden Services wieder verwenden können. Dies wird Ihnen sehr viel Zeit und Geld bei der Entwicklung Ihrer Lösung ersparen.

Simplify-Tipp 23: Freunde von Bekannten unterscheiden Ein Öko-System besteht aus den unterschiedlichsten Teilnehmern. Jeder hat seine ganz besondere Rolle – denn auch im Öko-System werden bestimmte Rollen definiert und ausgefüllt. Also machen Sie nicht den Fehler, alle als gleichwertig zu betrachten und zu behandeln – dafür würden Sie vielleicht einen hohen Preis bezahlen. Klären Sie von Anfang an, wer Ihre strategischen Partner und Geschäftsbeziehungen sind und wer mehr oder weniger nur taktische beziehungsweise rein operative Leistungen erbringt oder von Ihnen erhält. Im wahren Leben unterscheiden Sie ja auch zwischen Freunden und Bekannten – nur so vermeiden Sie herbe Enttäuschungen.

Von der Informationstechnologie zur Strategischen Technologie

Wohin führt uns die Vereinfachung der Informationstechnologie eigentlich? Die bisherige Argumentation leuchtet Ihnen ein und eigentlich ist es für Sie als IT-Profi auch nicht wirklich schwere Kost, oder? Anhand unserer Tipps sind Ihnen einige konkrete Aktionsfelder bewusst geworden? Schön, doch wozu das alles?

mein Plan:

Lassen Sie uns rekapitulieren: Wir haben es geschafft, mithilfe der Serviceorientierten Architektur das Unternehmen und die damit verbundenen Prozesse auf einer Serviceebene abzubilden. Dadurch wurden wir in die Lage versetzt, richtig zu entrümpeln und zu konsolidieren. Weiterhin haben wir verstanden, dass wir uns nur durch Innovation differenzieren können.

Durch die Nutzung von Outsourcing und einem Ökosystem ist es uns außerdem gelungen, alle nicht primär im Fokus unserer Geschäftsaktivitäten stehenden Prozesse auszulagern. Kurz: Sie arbeiten nun einerseits produktiver, weil Sie Ihr Unternehmen durch Konsolidierung und Integration optimiert haben. Andererseits haben Sie die Grundlage geschaffen, um Innovationen schnell und flexibel zu realisieren. Sie haben also ein System aus Innovation und Flexibilität sowie Integration und Produktivität geschaffen, das aus der klassischen Informationstechnologie eine Strategische Technologie geformt hat. Diese stellt nun ein strategisches Werkzeug im Wettbewerb dar, denn sie ermöglicht Innovation und Produktivität. Das unterstützt ein intelligenteres Geschäftsmodell und profitables, nachhaltiges Wachstum. Die permanente Suche nach neuen Differenzierungswegen unter möglicher Zuhilfenahme eines Ökosystems sowie die kontinuierliche Optimierung mit dem Ziel höherer Produktivität (auch über Sourcing-Optionen) stellt den Motor des Ganzen, eine einheitliche Unternehmens-IT, dar.

Wenn Sie diese Vereinfachung der Informationstechnologie aus der persönlichen Sichtweise betrachten, erkennen Sie plötzlich, dass es doch einige Analogien zu Ihnen selbst gibt, oder? Haben Sie schon mal versucht, Ihr Leben zu vereinfachen und schöner zu gestalten? Ist Ihnen das Buch *simplify your life* bekannt, oder haben Sie es sogar gelesen?

Es beschreibt, wie Sie in einfachen Schritten zu einem unbeschwerten Leben gelangen.

 Eine ganz entscheidende Rolle auf dem Weg zu einem unbeschwerteren Leben spielt dabei die Entrümpelung. Sie trennen sich von Ballast und werden frei für Neues. Immer neue Herausforderungen im Berufsleben, mehr Arbeit, neue Aufträge, all diese Ereignisse fordern von uns, die Komfortzone, die Bequemlichkeit zu verlassen und uns in eine gewisse Gefahr zu begeben. Andererseits entstehen daraus oftmals ungeahnte Chancen, die Sie auf den ersten Blick erkennen würden.

Das Überwinden der eigenen Grenzen hilft vielen Menschen, Dinge zu erreichen, von deren Existenz sie bis dahin nichts wussten.

Auch externe, professionelle Unterstützung spielt dabei eine wesentliche Rolle, um Aufgaben von einer qualifizierten Kraft erledigen zu lassen. Ebenfalls entscheidend für ein unbeschwertes Leben ist die professionelle Pflege von Partnerschaften. Immer wieder hört man davon, dass bei längeren Beziehung irgendwann die »Luft raus ist«.

Ist man jedoch wirklich an einer Partnerschaft interessiert (und wir alle wissen nur zu gut, was man an seiner besseren Hälfte hat), gilt es die Partnerschaft kontinuierlich und professionell zu pflegen beziehungsweise immer wieder neu zu beleben. Dabei wirken einfache Werkzeuge, beispielsweise ein regelmäßiges Zwiegespräch, oftmals Wunder. Und diese kleinen Wunder vereinfachen das Leben in Bezug auf das Umfeld immens. Ein weiteres Element zur Vereinfachung Ihres Lebens, ist eine klare Prioritätensetzung und das Umschalten von einer reaktiven zu einer aktiven Haltung. Die Identifikation der Ereignisse, die Eingruppierung und die strukturierte Abarbeitung stellen die wichtigsten Aktivitäten dar.

Erkennen Sie die Analogien zwischen dem Leben und der Informationstechnologie? Entrümpeln und Konsolidieren, Partnerschaft und Ökosystem, Ausbrechen aus der Komfortzone und Innovation, Aktive Kontrolle und SOA, fremde Hilfe und Outsourcing. Stimmt es Sie nicht optimistisch, dass alle Konzepte, die wir zur Vereinfachung Ihrer Informationstechnologie verwenden, schon vielfach im »wahren Leben« erprobt und erfolgreich umgesetzt wurden? Was hindert Sie dann noch an der Umsetzung? Los geht's – Simplify Your IT!

Michael Tsifidaris, CEO KPS Consulting, gibt für die Zukunft folgende Devise aus: »Keine strategische Unternehmensinitiative startet wegen SOA, aber keine startet ohne SOA.«

Wahre Schönheit kommt von innen

Die meisten IT-Projekte scheitern, weil es nicht gelingt, die damit verbundenen Veränderungsprozesse erfolgreich umzusetzen. Daher gilt das Change-Management als einer der kritischen Erfolgsfaktoren im heutigen Projekt- und Organisationsgeschäft. Betrachten wir nun unser Simplify-Your-IT-Vorhaben. Wenn Sie kurz überlegen, finden Sie mindestens genauso viele Gründe, die gegen oder für unsere Vorhaben sprechen. Es gibt jedoch auch ein Argument, das sich nur sehr schwer entkräften lässt: Die Situation Ihres Unternehmens in fünf Jahren. Genügt Ihre heutige IT als strategisches Werkzeug, um im Wettbewerb bestehen zu können?

Diese Antwort kann Ihnen niemand mit 100-prozentiger Sicherheit geben, denn sie liegt in der Zukunft. Was sich jedoch bereits heute sagen lässt, ist, dass einer Ihrer Mitbewerber vielleicht genau in diesem Moment in eine neue, einfache IT investiert. Deshalb bleibt eigentlich keine Zeit, noch länger über das Für oder Wider zu philosophieren. Sprechen wir lieber über Ihren Weg dorthin.

Dabei sollten wir eines bedenken: Projekte innerhalb dieser neuen Generation von IT-Architekturen verlaufen nach anderen Gesetzen. Es geht hier nicht mehr um die typischen Ein-

bis Drei-Jahres-Projekte, während deren Umsetzung keine neuen Veränderungen mehr
berücksichtigt werden können. Es geht nicht
mehr um einen riesigen Paukenschlag, den so
genannten »Big Bang«, bei dem zu einem bestimmten Zeitpunkt alles fertig sein muss.
Nein, es sind viele kleine Projekte, die eigen-
ständig ablaufen können – auch parallel.

Und immer mit dem Ziel
vor Augen, eine Unterneh-
mensplattform zu schaffen.
Sie projizieren nicht mehr
von außen ein neues Zielbild,
das es starr zu erreichen gilt. Nein, Sie beginnen von innen heraus – mit dem Wissen über
Ihr Geschäft und der Möglichkeit, innovative,
kleine Schritte zu gehen. Es handelt sich nicht
mehr um die klassische Form eines Business
Process Reengineering, sondern um ein Redesign. Dabei gehen Sie flexibel vor und verwenden die gleichen, bereits vorhandenen Teile
immer wieder. Wahre Schönheit kommt also
tatsächlich von innen und nicht von außen –
und das führt uns zum nächsten Simplify-
Tipp.

Simplify-Tipp 24: Inkubation statt Change-Management Passen Sie Ihre IT-Projekte an die neuen Möglichkeiten der Informationstechnologie an. Gestalten Sie ein großes Bild Ihres Zieles. Wohin möchten Sie Ihr Unternehmen und natürlich Ihre IT in drei bis fünf Jahren führen? Starten Sie kleine und in sich abgeschlossene Projekte. Sie kennen Ihre Geschäftsprozesse und Anforderungen – finden Sie heraus, wo die Innovation und der Mehrwert liegen. Wenn Sie jetzt anfangen, einzelne Projekte auf Basis von Prozessen zu realisieren, können Sie auch Experten aus anderen Unternehmensbereichen einbeziehen.

Projektlaufzeiten von ein bis drei Monaten werden für Sie plötzlich zur Regel und nicht mehr zur freudigen Ausnahme. Viele Unternehmen klagen darüber, dass Sie nicht ausreichend in Prozessen denken und falsch aufgestellt sind. Fangen Sie doch umgekehrt an. Sie haben mithilfe einer SOA Ihre Services identifiziert. Nutzen Sie dieses Wissen, um Prozesse gemäß Ihrer Anforderungen und Ihres Innovationspotenzials neu zu gestalten. Gestalten Sie Ihre Prozesse von innen heraus neu. Nutzen Sie Outtasking und das Ökosystem, um Ressourcen für andere Projekte freizusetzen, die Ihrem Unternehmen in anderer Hinsicht weiterhelfen. Die Auswahl der Projektteammitglieder erfolgt anhand des erforderlichen Fachwissens für die Prozesse – aber nicht mehr im großen Big-Bang-Stil. Stück für Stück erfolgt die Inkubation von innen. Sie werden sehen, wie Ihre Organisation plötzlich anfängt, in Prozessen zu denken und Sie auf einer Plattform agieren.

Dieses neue Denken und Handeln wird sich zwangsläufig auch auf Ihr Unternehmen auswirken. Vor allem in Form eines neuen Rollenverständnisses. Ihre Informationstechnologie wird in Zukunft in einem neuen Gewand erscheinen. Das stellt eine Herausforderung und zugleich eine riesige Chance auf dem Weg zur Strategischen Technologie dar.

Simplify-Tipp 25: Neue Rollen leben – vom CIO zum CPIO Wie sieht heute in Unternehmen die Rollenverteilung innerhalb der IT eigentlich aus? Am Kopfe einer IT-Organisation steht der verantwortliche Manager. Dieser hat auch einen Namen: Chief Information Officer (CIO). Er trägt die Verantwortung für den richtigen Einsatz von geplanten und implementierten Applikationen zur Unterstützung von Geschäftsprozessen. Dazu erarbeitet er in enger Zusammenarbeit mit den Anwendern eine Applikationsstrategie, lässt die Portfolioplanung durchführen und überwacht deren Umsetzung. Er entwickelt die Informatikstrategie und trägt die Verantwortung für die Einhaltung der unternehmensweiten IT-Richtlinien und Vorgaben. Darüber hinaus unterstützt und berät er die Geschäftsleitung bei allen unternehmerischen Vorgaben, die den Einsatz von Informationstechnologien erfordern. Sie erkennen schon, dass das nicht so ganz dem Bild der Person entspricht, die Sie vor Augen haben? Kein Wunder, denn das ist die Rollenbeschreibung eines CIO, wie er eigentlich bereits heute seine Rolle ausleben müsste. Doch leider haben wir den Wandel zur Informationsgesellschaft noch nicht vollzogen. In den meisten Fällen und Unternehmen wird die

Rolle weder so gelebt, noch als solche verstanden. In vielen Fällen, berichtet der CIO historisch bedingt sogar noch an den Finanzvorstand des Unternehmens. Und genau hier beginnt das Dilemma. Gehen wir einige Jahre zurück: Welche Rolle hatte ein CIO damals? In der Zeit als die Mainframesysteme in den Unternehmen führend waren, erfüllten CIOs eher die Aufgabe eines Chief Imitation Officers. Es wurde mit viel Aufwand geprüft, welche Tätigkeiten im Unternehmen durchgeführt wurden, um diese zu kopieren und mittels Lochkarte zu digitalisieren. Durch die damit verbundene Automatisierung ließen sich ein enormer Wirkungsgrad und große Produktivitätszuwächse erreichen. Über die Zeit und mit steigender Anzahl der Applikationssysteme sowie im Zuge des Internetbooms in der Client-Server-Welle, wurde es notwendig, die damit verbundenen Aufgaben zu strukturieren und zu organisieren. Auch diese Aufgabe übernahm der Chief Information Officer. Konkret heißt das, dass wir nun eigentlich keinen CIO, sondern vielmehr einen Rechenzentrumsleiter für den Betrieb von IT-Systemen vor unserem geistigen Auge haben.

Betrachten wir nun die Rolle der strategischen IT, müssen wir uns an die vor wenigen Zeilen angedachte Rolle eines CIO erinnern und diese in zwei Richtungen weiterdenken: In den Chief Process Innovation Officer (CPIO) und den Chief Information Technology Officer (CITO). Die Rolle des CPIO gewährleistet die sichere Implementierung neuer Geschäftsprozesse in Zusammenarbeit mit den Geschäftseinheiten. Er liefert das notwendige Portfolio, um Innovation zu unterstützen. Dies ist ein gravierender Unterschied zu der Rolle, die wir oben bereits definiert haben, die aber oftmals noch nicht in dieser Form gelebt oder wahrgenommen wird. Darüber hinaus muss auch die Rolle des CITO gelebt werden. Denn es ist natürlich auch absolut notwendig, IT-Systeme hoch effizient und produktiv bereitzustellen. Dabei muss berücksichtigt werden, dass nicht alle Leistungen zwingend selbst erbracht werden müssen. Outsourcing ist hier immer ein Thema. Der CITO sollte diese Möglichkeiten nutzen und dennoch seinen Bereich sicher managen.

Er muss alle notwendigen Dienste zu geringstmöglichen Kosten bereitstellen, sodass dem Unternehmen keine Wettbewerbsvorteile entgehen, aber auch keine Ressourcenengpässe entstehen. Wie diese beiden Rollen praktisch in der Organisation verankert werden, lässt sich nicht pauschal vorgeben. Es wird Unternehmen geben, in denen eine Person beide Rollen wahrnimmt. In anderen Organisationen kann es vorkommen, dass diese Rollen auf mehrere Schultern verteilt werden. Es wäre auch denkbar, dass der CITO an den CPIO berichtet. All dies sind denkbare Optionen. Wichtig ist dabei nur eines: Leben Sie diese Rollen – und stellen Sie sicher, dass der CPIO mit den Geschäftbereichen agiert, während der CITO mit den IT-Systemen operiert.

Doch nicht nur die Rolle der IT-Verantwortlichen wird sich verändern. Es werden völlig neue Aufgabenbereiche und Funktionen hinzukommen. So werden Sie beispielsweise Mitarbeiter mit den Aufgaben eines Unternehmensarchitekten haben, der die Anforderungen an die Plattform und benötigte Services aufnimmt und implementiert. Sie werden darüber hinaus die Funktion eines Geschäftsprozess-Experten (Business Process Expert) besetzen. Dieser kennt die spezifischen Prozesse und Anforderungen so gut, dass er in der Lage ist, neue, innovative Prozesse auf Basis der Plattform und vorhandener Services zu modellieren. Darüber hinaus werden Sie Konsolidierungsexperten benötigen, die permanent die Systemlandschaft verwalten und unter Berücksichtigung aller Outtasking-Möglichkeiten optimieren. Zu guter Letzt sollten Sie auch die Rolle eines Verwalters für Services vergeben. Dadurch stellen Sie sicher, dass Services einen hohen Wiederverwendungsgrad haben und auch wirklich an die Stelle kostspieliger Eigenentwicklungen treten.

Haben wir unser Ziel erreicht? Konnten wir Ihnen mit diesem Buch aufzeigen, wie einfach es ist, Ihre Informationstechnologie in eine Strategische Technologie zu überführen? Es würde uns jedenfalls sehr freuen, wenn Sie dank unserer Simplify-Tipps ein vielleicht oftmals zu komplex dargestelltes Thema jetzt mit neuen Augen sehen. IT kann schließlich gar nicht so kompliziert sein – es geht dabei doch eigentlich nur um die »0« und die »1«.

Wir hoffen, dass Ihnen dieses Buch bei der Vereinfachung Ihrer IT hilft und wünschen Ihnen dabei viel Erfolg!

Abkürzungsverzeichnis

BPO	Business Process Outsourcing
CD	Compact Disc
CEO	Chief Executive Officer
CFO	Chief Financial Officer
CIO	Chief Information Officer
CITO	Chief Information Technology Officer
CPIO	Chief Process Innovation Officer
CRM	Customer Relationship Management
EDV	Elektronische Datenverarbeitung
ERP	Enterprise Ressource Planning
HBCI	Home Banking Computer Interface
HiFi	High Fidelity
HP	Hewlett-Packard
HR	Human Ressources
IBM	International Business Machines
ISO	International Organization for Standardization
IT	Informationstechnologie
MP3	MPEG-1 Audio Layer 3
MPEG	Moving Picture Experts Group
OI	Organisation Information

PC	Personal Computer
SAP	Systeme, Anwendungen und Produkte in der Datenverarbeitung
SCM	Suppy Chain Management
SLA	Service Level Agreement
SMS	Short Message Service
SOA	Serviceorientierte Architektur
SSC	Shared Service Center
RFID	Radio Frequency Identification
RZ	Rechenzentrum
VoIP	Voice over IP
WWW	World Wide Web

Quellen

Broadbent, Marianne; Kitzis, Ellen S.: *The new CIO Leader. Setting the Agenda and Delivering Results*. Boston 2005.

Carr, Nicholas G.: *IT Doesn't Matter*. Harvard Business Review 01.05.2003.

Charan, Ram: *Profitable Growth Is Everyone's Business: 10 Tools You Can Use Monday Morning*. New York 2004.

Dietrich, Lothar; Schirra, Wolfgang: *IT im Unternehmen. Leistungssteigerung bei sinkenden Budgets. Erfolgsbeispiele aus der Praxis*. Berlin 2004.

Friedman, Thomas L.: *The World is Flat*. London 2006.

Kagermann, Henning; Österle, Hubert: *Geschäftsmodelle 2010. Wie CEOs Unternehmen transformieren*. Frankfurt 2006.

Kersken, Sascha: *Kompendium der Informationstechnik*. Bonn 2003.

Küstenmacher, Werner Tiki: *Simplify your Life – Einfacher und glücklicher leben*. Frankfurt/New York 2005.

Küstenmacher, Werner Tiki: *Simplify your Life – Endlich mehr Zeit haben*. Frankfurt/New York 2004.

Moore, Geoffrey A.: *Dealing with Darwin*. New York 2006.

Moore, Geoffrey A.: *Inside the Tornado*. New York 2005.

Moore, Geoffrey A.: *Living on the Fault Line*. New York 2005.

Moore, Geoffrey A.: *Crossing the Chasm*. New York 2002.

Woods, Dan. *Enterprise Services Architecture*. Bonn 2004.

Woods, Dan; Mattern, Thomas: *Enterprise SOA. Designing IT for Business Innovation. von Media*. Cambridge 2006.